本书编委会

主　　编：余炜楷　陈　露　叶创基
参编人员：魏少峰　杨石琳　顾恬玮　华　红

国内外海洋经济发展案例研究及启示

余炜楷　陈　露　叶创基 ◎主编

暨南大学出版社
JINAN UNIVERSITY PRESS

中国·广州

图书在版编目（CIP）数据

国内外海洋经济发展案例研究及启示 / 余炜楷，陈露，叶创基主编. -- 广州：暨南大学出版社，2024.11. -- ISBN 978-7-5668-4036-3

Ⅰ．P74

中国国家版本馆 CIP 数据核字第 2024GT5827 号

国内外海洋经济发展案例研究及启示
GUONEIWAI HAIYANG JINGJI FAZHAN ANLI YANJIU JI QISHI
主　编：余炜楷　陈　露　叶创基

···

出　版　人：阳　翼
责任编辑：曾鑫华　王锦梅
责任校对：刘舜怡　黄晓佳
责任印制：周一丹　郑玉婷

出版发行：暨南大学出版社（511434）
电　　话：总编室（8620）31105261
　　　　　营销部（8620）37331682　37331689
传　　真：（8620）31105289（办公室）　37331684（营销部）
网　　址：http：//www.jnupress.com
排　　版：广州尚文数码科技有限公司
印　　刷：广东信源文化科技有限公司
开　　本：787mm×1092mm　1/16
印　　张：10.75
字　　数：187 千
版　　次：2024 年 11 月第 1 版
印　　次：2024 年 11 月第 1 次
定　　价：49.80 元

（暨大版图书如有印装质量问题，请与出版社总编室联系调换）

前　言

　　随着全球经济增长乏力，海洋成为沿海国家和地区推动经济增长的新资源与新空间，向海发展对于优化技术与资本要素配置、解决资源能源短缺等问题具有重大意义。党的十八大以来，以习近平总书记为核心的党中央高度重视海洋强国建设，并就经略海洋发表了一系列重要论述，为海洋强国建设提供了根本遵循。发展海洋经济是建设海洋强国的基础，也是推动中国式现代化的重要支撑。近年来，国家多个部委相继出台支持海洋经济发展的政策文件。2018 年 7 月，自然资源部联合中国工商银行发布《关于促进海洋经济高质量发展的实施意见》（自然资发〔2018〕63 号），重点聚焦金融领域提出海洋经济发展相关支持措施；同年 11 月，国家发展改革委、自然资源部发布《关于建设海洋经济发展示范区的通知》（发改地区〔2018〕1712 号），明确支持山东威海等 14 个海洋经济发展示范区建设；2021 年 12 月，国家发展改革委、自然资源部共同编制《“十四五”海洋经济发展规划》，明确了当前海洋经济发展的目标与任务……相关政策有力强化了我国海洋经济高质量发展的资金和政策保障，为海洋经济发展营造了良好的外部环境。与此同时，我国海岸线绵长、海洋资源丰富也为海洋经济发展提供了坚实的基础，海洋经济发展潜力巨大。根据自然资源部统计数据，2023 年全国海洋生产总值99 097 亿元，比上年增长 6.0%，增速比国内生产总值高 0.8 个百分点；占国内生产总值比重为 7.9%，比上年增加 0.1 个百分点，海洋经济发展总体向好。未来，随着海洋强国战略纵深推进，海洋经济前景广阔，在扩大内需、保障粮食和能源安全、加快新旧动能转换等方面将发挥不可替代的作用。

　　就学术研究而言，海洋经济一直是学界关注的重点议题之一。当前海洋经济的研究内容紧密结合国家战略需求，形成了较为丰富的研究成果，既包括区域海洋经济空间格局、海洋经济政策评价、海洋产业空间布局和海洋经济高质量发展等社会属性的研究，也包括海洋资源的可持续开发利用等自然属性的研究。但以海洋经济实践案例为对象的研究还有待深入拓展，尤其是海洋经济发展过程中涉及的顶层设计、产业引导、创新驱动、生态治理等具体做法与优秀经验，还有待进一步挖掘与提炼。梳理这些内容既能为我国海洋经济发展提供必要的、科学的认知基础，又能为海洋经济发展实践提供参考与借鉴。

本书作为 2023 年广东省海洋经济发展（海洋六大产业）专项资金项目"粤港澳大湾区现代海洋产业体系融合发展研究"的主要研究成果之一，由广州市城市规划勘测设计研究院有限公司余炜楷、陈露、叶创基、魏少峰、杨石琳、顾恬玮、华红 7 位课题组成员共同完成。书中侧重从案例视角对海洋经济发展的相关规律与关键内容进行剖析，主要内容涉及以下三个方面：①侧重理论视角，系统阐述了当前海洋经济研究的总体进展，从理论层面梳理对海洋经济的认知。该部分从海洋经济的相关概念与内涵出发，对海洋经济、海洋产业及海洋经济空间进行了分类阐述，随后对近 40 年的海洋经济研究历程、主要研究方向与研究内容展开述评，并从产业类型上聚焦到广东省重点发展的海洋六大产业进行分类综述。②侧重实践视角，聚焦广东实际，从现实层面提炼其海洋经济发展的基础、条件与方向。该部分从广东省、珠三角及核心城市三个层面对海洋经济发展的资源环境、产业基础、重点项目、政策条件与规划设想等内容展开叙述，把握广东全省海洋经济发展的概貌与特征。③侧重案例视角，多尺度研究国内外先进地区在海洋经济发展方面的具体经验与做法。在区域尺度，选取山东、浙江、福建、昆士兰等国内外案例，总结其在顶层设计、科技创新、资源整合、产业升级、生态治理等方面的优秀经验，构建区域层面海洋经济发展的总体路线图。在城市群尺度，选取东京湾区、旧金山湾区、墨西哥湾区、环杭州湾大湾区等国内外案例，总结其在产业协作、创新联动、陆海统筹、协同治理等方面的优秀经验，厘清城市群层面促进海洋经济协同发展的行动指引。在城市尺度，选取西雅图、奥斯陆、伦敦、上海、青岛等国内外案例，总结其在滨海文化展示、海洋金融发展、高端海事服务、现代化海洋城市建设等特色领域的优秀经验，提炼城市层面擦亮海洋经济发展特色的实施方案。在上述案例研究的基础上，结合广东全省及各城市发展实际，分别提出对广东、珠三角及各城市的经验启示，从实践层面明确了海洋经济发展的策略与建议。

　　本书系统整合了海洋经济相关研究与实践工作，具有以下特点：一是兼具理论价值与实践价值。本书基于"理论基础—现状认知—案例实践"的总体叙述框架，系统梳理海洋经济研究相关内容，既能帮助读者了解海洋经济研究的理论知识，又能通过对实践案例的剖析与总结为海洋经济相关工作提供借鉴，具有理论与实践双重价值。二是系统性的案例研究合集。针对当前暂无专门海洋经济案例研究成果的现状，本书从区域、城市群及城市三个尺度选取了不同类型与不同发展特色的国内外海洋经济发展先进案例，系统总结了其在海洋经济发展方面差异化的经验与模式，为海洋经济相关工作提供较好借鉴与参考。三是形成海洋经济工作指引。本书以广东为主要对象，从现状认知维度剖析了广东、珠三角及各城市层面的海洋经济发展现状特征，并从案例实践层面提出了相应的海洋经济发展建议，能够为广东省及各城市的海洋经济高质量发展工作提供指引。

　　今后相当长的时期内，海洋强国建设仍是我国坚持不懈推进的重大战略部署。海洋经济作为海洋强国建设的重要支撑，将持续成为社会各界关注的热点。与此相对应，海洋经济实践研究既是一个需要持续深挖的研究领域，也有着广阔的探索空间。期待本书的初步探讨能对学术同行和其他关心此话题的读者有所裨益。

本书编写组

2024 年 7 月

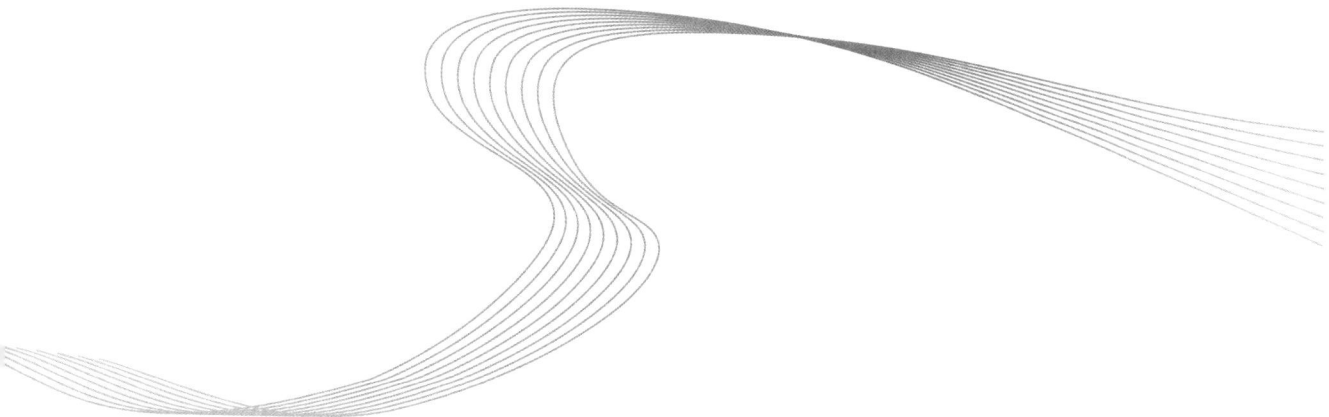

目 录
Contents

现状认知篇

案例实践篇

图表目录

理论基础篇

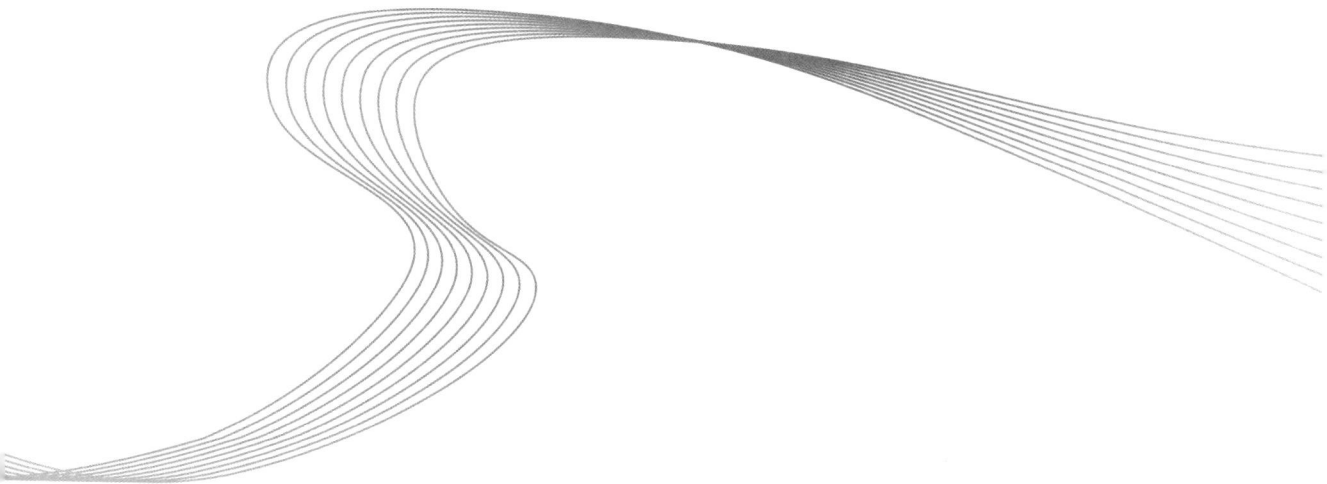

Theoretical Basis

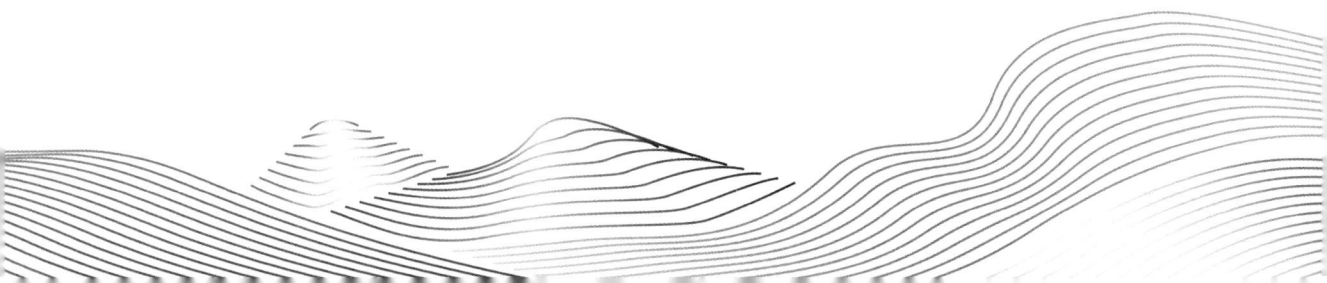

第一章 海洋经济相关概念与内涵

随着全球经济快速增长与海洋高新技术的不断发展，产业向海发展成为趋势，人类进入了大规模开发利用海洋的时期，海洋经济逐渐成为沿海国家国民经济和社会发展的重要支撑[①]。党的二十大报告提出"发展海洋经济，保护海洋生态环境，加快建设海洋强国"。习近平总书记围绕海洋发展发表了系列重要论述，创造性提出"海洋是高质量发展战略要地"这一科学论断，为推进海洋强国建设提供了根本遵循。根据《2022年中国自然资源统计公报》，我国拥有1.8万多公里大陆海岸线、1.4万多公里岛屿岸线，海洋经济发展空间广阔。科学合理开发海洋资源，拓展海洋经济发展新空间，是推进海洋强国建设、实现经济高质量发展的必由之路。在新发展格局下，面对当前国际经济增长乏力、不确定性风险加剧的新形势，海洋经济作为国民经济的重要增长极，受到了社会各界的高度关注。因此，有必要梳理海洋经济有关概念内涵，以期为海洋产业高质量发展提供理论支撑。

一、海洋经济

国务院2003年发布的《全国海洋经济发展规划纲要》中明确，海洋经济是开发利用海洋的各类产业及相关经济活动的总和，即直接或间接依靠海洋资源及空间而进行的相关产业活动，具体包括海洋渔业、海洋油气业、海洋交通运输业、海洋船舶工业、滨海旅游业等。根据《海洋及相关产业分类》（GB/T 20794—2021），

[①] 周秋麟，周通. 国外海洋经济研究进展 [J]. 海洋经济，2012，1 (1)：43-52.

海洋产业是指开发、利用和保护海洋所进行的生产和服务活动，具体可以划分为海洋产业、海洋科研教育、海洋公共管理服务、海洋上游相关产业、海洋下游相关产业 5 个类别，下分 28 个产业大类、121 个产业中类、362 个产业小类（见表 1 - 1）。

表 1 - 1　海洋及相关产业分类

类别	产业大类	说明
海洋产业	海洋渔业	包括海水养殖、海洋捕捞、海洋渔业专业及辅助性活动
	沿海滩涂种植业	指在沿海滩涂种植农作物、林木的活动，以及为农作物、林木生产提供的相关服务活动
	海洋水产品加工业	指以海水经济动植物为主要原料加工制成食品或其他产品的生产活动
	海洋油气业	指在海洋中勘探、开采、输送、加工石油和天然气的生产和服务活动
	海洋矿业	指采选海洋矿产的活动，包括海岸带矿产资源采选、海底矿产资源采选。不包括海洋石油和天然气的开采活动
	海洋盐业	指利用海水（含沿海浅层地下卤水）生产以氯化钠为主要成分的盐产品的活动
	海洋船舶工业	包括海洋船舶制造、海洋船舶改装拆除与修理、海洋船舶配套设备制造、海洋航标器材制造等活动；不包括海洋工程类船舶、海洋科考船、海洋调查船制造和修理活动
	海洋工程装备制造业	指人类开发、利用和保护海洋活动中使用的工程装备和辅助装备的制造活动，包括海洋矿产资源与油气资源勘探开发装备、海洋风能与可再生能源开发利用装备、海洋生物资源利用装备、海水淡化与综合利用装备、海洋工程通用装备、海洋信息装备等海洋工程装备的制造及修理活动
	海洋化工业	指利用海盐、海洋石油、海藻等海洋原材料生产化工产品的活动
	海洋药物和生物制品业	指以海洋生物（包括其代谢产物）和矿物等物质为原料，生产药物、功能性食品以及生物制品的活动
	海洋工程建筑业	指用于海洋开发、利用、保护等用途的工程建筑施工及其准备活动
	海洋电力业	指利用海洋风能、海洋能等可再生能源进行的电力生产活动
	海水淡化与综合利用业	包括海水淡化、海水直接利用和海水化学资源利用等活动

（续上表）

类别	产业大类	说明
海洋产业	海洋交通运输业	指以船舶为主要工具从事海洋运输以及为海洋运输提供服务的活动
	海洋旅游业	指以亲海为目的，开展的观光游览、休闲娱乐、度假住宿和体育运动等活动
海洋科研教育	海洋科学研究	指以海洋为对象，就其自然科学、工程技术、农业科学、生物医药、社会科学等进行的科学研究活动
	海洋教育	指依照国家有关法规开办海洋专业教育机构或海洋职业培训机构的活动
海洋公共管理服务	海洋管理	包括海洋行政管理、涉海行业管理、海洋开发区管理和海洋社会保障服务等活动
	海洋社会团体、基金会与国际组织	指与海洋相关的社会团体、基金会和国际组织开展的活动
	海洋技术服务	指为生产与管理提供海洋专业技术和工程技术的服务活动，以及相应的科技推广与交流的服务活动
	海洋信息服务	指对海洋信息进行采集、传输、处理、存储和应用，向社会提供各种海洋信息服务的活动
	海洋生态环境保护与修复	包括海洋生态保护、海洋生态修复、海洋环境治理等活动
	海洋地质勘察	指对海洋矿产资源、工程地质、科学研究进行的地质勘察、测试、监测、评估等活动
海洋上游相关产业	涉海设备制造	指为海洋生产与管理活动提供装置、仪器、设备及配件等的制造活动
	涉海材料制造	指海洋产业生产过程中投入材料的生产活动
海洋下游相关产业	涉海产品再加工	指通过产业链的延伸对海洋产品的再加工、再生产活动
	海洋产品批发与零售	指海洋产品在流通过程中的批发活动和零售活动
	涉海经营服务	包括渔港经营服务、船舶用资源供应服务、涉海公共运输服务、涉海金融服务、海洋仪器设备代理服务、海洋餐饮服务、涉海商务服务、涉海特色服务等涉海经营服务活动

资料来源：《海洋及相关产业分类》（GB/T 20794–2021）。

二、海洋六大产业

广东作为我国海洋经济开放合作的前沿阵地，承担着引领国家海洋高质量发展和科技自主创新的重大使命。近年来，广东立足全省海洋资源禀赋，大力推动海洋经济质量变革、效益变革、动力变革，以海洋电子信息产业、海上风电产业、海洋生物产业、海洋工程装备产业、天然气水合物产业、海洋公共服务产业六大海洋产业（以下统称海洋六大产业）为抓手，全面发展海洋经济（见表1-2）。《中共广东省委 广东省人民政府印发关于贯彻落实〈粤港澳大湾区发展规划纲要〉的实施意见》《广东省推进粤港澳大湾区建设三年行动计划（2018—2020年）》《广东省加快发展海洋六大产业行动方案（2019—2021年）》等政策文件均提出要大力发展海洋六大产业，为全面建设海洋强省提供了系统行动方案。

表1-2 海洋六大产业内涵一览表

海洋六大产业	概念内涵
海洋电子信息产业	海洋电子信息产业是典型的交叉产业，即电子信息技术在海洋经济领域开展研究及应用的交集，包括直接来源及服务应用于海洋的硬件、软件、系统和应用服务，技术上往往与其他海洋产业方向有交集，包括海洋工程装备、公共服务、应急救灾、风电系统等
海上风电产业	大力发展海上风电作为能源转型的主要方向已经成为全球能源行业的共识，海上风电产业链主要包括海上风电装备制造、专业服务、施工安装和运营维护等
海洋生物产业	海洋生物产业指以海洋生物资源为开发对象，运用现代生物技术手段将海洋生物资源开发为海洋生物功能材料、酶制剂和农用生物制剂等海洋生物制品、海洋功能食品和保健品、海洋药物等海洋生物商品的产业，可分为海洋生物医药产业、海洋生物制品产业和海洋渔业及其加工产业三大核心产业
海洋工程装备产业	海洋工程装备是人类在开发、利用和保护海洋所进行的生产和服务活动中使用的各类装备的总称，是开发和利用海洋的前提和基础，海洋油气资源的勘探开发装备是海洋工程装备制造业的主要产品
天然气水合物产业	天然气水合物产业指推进天然气水合物勘察与开发利用相关的研发、勘探、钻采、开发、储运、配套服务等各项生产活动

（续上表）

海洋六大产业	概念内涵
海洋公共服务产业	海洋公共服务业是为满足海洋开发、生产、流通和生活需要，以政府行政机关及各类涉海企事业单位等为主体，围绕海洋而产生的各种公共事务，生产或提供各种公共服务产品的服务产业

资料来源：《广东省海洋六大产业发展蓝皮书2022》。

三、海洋经济空间

海洋经济空间是海洋经济发展的载体，能够为海洋资源的开发利用及相关经济活动提供支撑，与海洋经济发展密切相关。李山和赵璐将海洋经济空间理解为经济活动的空间组合，重点研究经济发展的空间分异规律[①]。易爱军等更为侧重海洋经济空间的经济属性，将其内涵归纳为海洋经济产业链条完备度、科技含量以及所涉及的范围和领域三个维度，主要关注海洋产业的发展规模与质量[②]。高晓彤等从空间网络视角审视区域海洋经济活动，更加聚焦海洋经济空间的区际联结[③]。综合目前研究来看，学界对海洋经济空间的内涵尚未形成共识。本文所指的海洋经济空间具体包含以下三个方面的内涵：一是地理空间。海洋经济活动的发生地由近岸近海向深海极地拓展。二是网络空间。单个城市的海洋经济发展离不开区域海洋经济网络，各个城市在海洋经济网络中扮演的角色有所差异。三是经济空间。海洋相关企业由个体发展向海洋企业集群、海洋产业集群协同发展转变。

---

① 李山，赵璐. 中国海洋经济空间格局演化及其影响因素［J］. 地域研究与开发，2020，39（4）：18－23.

② 易爱军，吴价宝，沈和易. "十四五"江苏海洋经济空间发展策略研究［J］. 江苏海洋大学学报（人文社会科学版），2020，18（6）：1－10.

③ 高晓彤，赵林，曹乃刚. 中国海洋经济高质量发展的空间关联网络结构演变［J］. 地域研究与开发，2022，41（2）：7－13.

第二章 海洋经济相关研究进展

一、海洋经济研究概述

(一) 研究历程

海洋是我国社会经济发展的重要战略要地,海洋经济一直是学界关注的重点议题之一。以"海洋经济"为主题词,在中国知网(CNKI)检索近40年学术期刊发表的情况,总计检索到文献12 145篇。从发文数量来看,国内针对海洋经济的研究与国家政策方针紧密相关,大体上可以分为四个阶段(见图2-1):

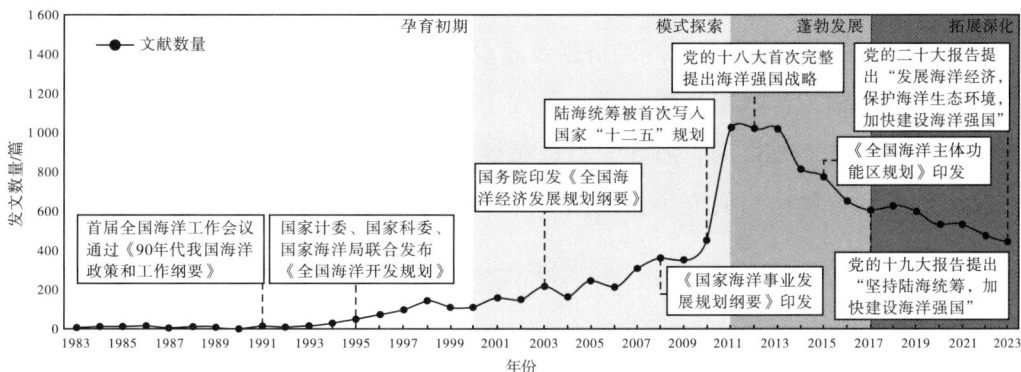

图2-1 海洋经济政策与研究发展阶段演化

资料来源:文献数检索自中国知网(CNKI)数据库。

（1）孕育初期阶段（1983—1999）：这一时期受制于社会发展水平，学界对于海洋经济的关注度不足，对海洋经济的内涵认知尚不深刻。

（2）模式探索阶段（2000—2010）：经过改革开放后的多年建设，海洋经济呈现旺盛发展活力，这一时期研究成果得到了平稳提升，积累了大量关于产业结构优化调整的思考成果。

（3）蓬勃发展阶段（2011—2016）：随着海洋强国战略的提出，学界对于海洋经济发展的研究热情空前高涨，开展了大量理论研究与综合实践工作，如何更加科学、有序、可持续地开发海洋空间，是当前阶段的重要课题之一。

（4）拓展深化阶段（2017 至今）：习近平总书记充分肯定并多次强调了"向海发展"的战略目标，激励着广大学者从全局视角出发，不断丰富、深化研究主题，思考海洋经济高质量发展的系统性路径，这一时期针对海洋开展的研究主题更为丰富，更加关注海洋空间的多维属性，除海洋经济发展、陆海统筹之外，学者们同样关注海洋空间用途管制和海洋生态文明建设等议题，形成了丰硕的研究成果。

（二）主要研究方向

基于中国知网（CNKI）文献的计量分析结果，统计主要研究主题发文数量，并对相似主题进行归并。从海洋经济领域发文数量排名前十位的研究主题来看，在海洋强国战略实施背景下，现有研究大多围绕海洋经济、海洋产业、海洋经济可持续发展、高质量发展等领域进行探索，特别聚焦山东省（含山东半岛蓝色经济区）、浙江省、广东省等海洋经济强省建设（见图 2－2）。总体而言，海洋经济的研究内容紧密结合国家战略需求，形成了较为丰富的研究领域和方向，既包括对区域海洋经济空间格局、海洋经济政策评价、海洋产业空间布局和海洋经济高质量发展等社会属性的研究，也包括对海洋资源的可持续开发利用等自然属性的研究。

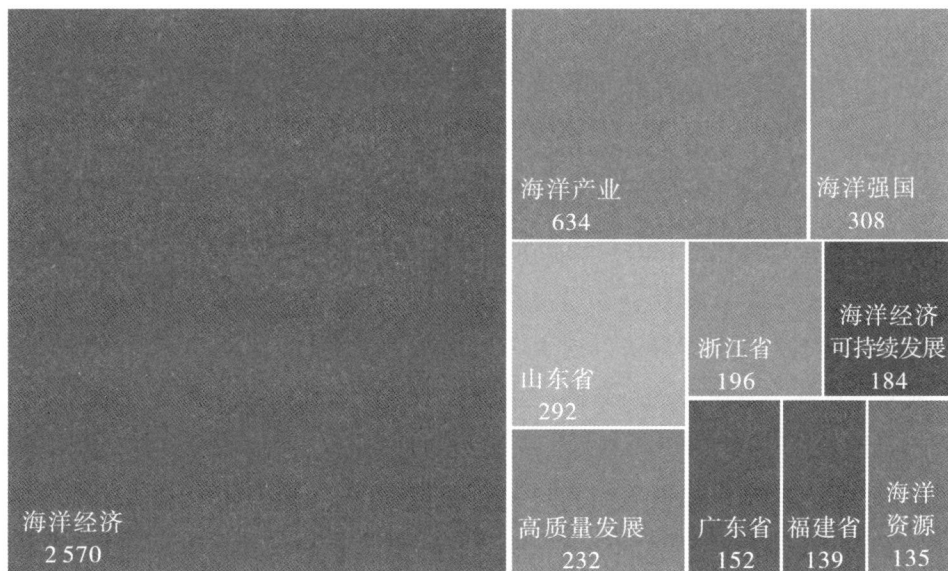

海洋产业 634		海洋强国 308	
山东省 292	浙江省 196	海洋经济可持续发展 184	
高质量发展 232	广东省 152	福建省 139	海洋资源 135

海洋经济 2 570

图 2-2　海洋经济领域发文数量排名前十位的主要研究主题

资料来源：中国知网（CNKI）数据库。

二、海洋经济研究进展

（一）区域海洋经济空间格局

海洋经济空间格局是在海洋经济发展过程中表现出的在一定地域空间上的极化与扩散，推动区域海洋经济由低水平均衡向非均衡、再向高水平均衡发展的现象。[①] 国内相关研究主要聚焦于空间格局分布规律、空间格局影响因素、空间协同布局策略三个方面。

1. 空间格局分布规律

目前，学者们主要从全国与城市群尺度对我国海洋经济空间格局分布规律展开分析：

---

① 张景秋，杨吾扬. 中国临海地带空间结构演化及其机制分析 [J]. 经济地理，2002，22（5）：559－563.

（1）全国尺度

主要基于海洋生产总值数据，分析全国海洋经济空间结构、省际之间的空间差异及空间网络关系。例如孙心茹基于分形理论，分析了沿海11省市的海洋经济空间结构演变过程，结果表明沿海各省市海洋经济发展受限于地理位置，从而形成自我化的发展模式，外部效应难以实现最优化[①]；高乐华等的研究指出，我国海洋经济空间格局正在由单核心格局转向多核心连片式发展格局[②]；韩增林等利用标准差、变异系数、加权变异系数以及赛尔指数等指标对我国海洋经济的空间差异进行研究，发现我国海洋经济发展水平呈现出明显的南北差异，南部沿海地区由于产业基础良好，海洋经济总量高于中部和北部，而从地带内差异来看，中部地带内部差异远大于南部和北部地区[③]；高晓彤等利用修正的引力模型和社会网络分析法，分析得到我国海洋经济高质量发展的空间关联网络结构由以上海、天津为核心的双核结构逐渐演变为以上海、福建为核心的双核结构，江苏、浙江、海南位于空间关联网络的边缘[④]。

（2）城市群尺度

主要聚焦于长三角、珠三角、环渤海、海峡西岸、北部湾地区的海洋经济空间相互作用、空间差异及空间溢出效益研究。例如孙蕾等借助主成分分析和拓展的引力模型，对前述五大海洋经济区之间的空间相互作用进行分析，结果表明，长三角和珠三角地区海洋经济发展水平处于领先地位，空间相互影响最大，环渤海地区次之，在区域间竞争发展的背景下，沿海经济区一体化发展是必然选择[⑤]；李博等以环渤海地区为例，通过构建海洋经济—地理距离空间权重矩阵，对海洋经济增长质量主体的空间交互作用进行分析，结果表明环渤海地区的海洋经济增

① 孙心茹. 基于分形理论的中国海洋经济空间结构演变研究 [J]. 全国流通经济，2021（15）：157－159.

② 高乐华，高强，史磊. 中国海洋经济空间格局及产业结构演变 [J]. 太平洋学报，2011，19（12）：87－95.

③ 韩增林，许旭. 中国海洋经济发展空间差异分析 [J]. 人文地理，2008（2）：106－112.

④ 高晓彤，赵林，曹乃刚. 中国海洋经济高质量发展的空间关联网络结构演变 [J]. 地域研究与开发，2022，41（2）：7－13.

⑤ 孙蕾，张耀光. 我国五大海洋经济区域空间相互作用的测算 [J]. 统计与决策，2011（20）：111－114.

长质量存在显著的空间相关性和空间溢出的正反馈效应①；邓昭等研究指出，我国三大经济圈的海洋经济差异仍在加大，北部和东部海洋经济圈竞争优势高于南部海洋经济圈②。

2. 空间格局影响因素

区域海洋经济的不平衡发展形成了海洋经济的空间格局，各类因素通过影响海洋经济发展水平，进而影响海洋经济空间格局。部分学者应用空间计量分析方法识别海洋经济发展空间非均衡的影响因素，研究表明，海洋资本、涉海人力资源、海洋产业结构、创新驱动、市场化程度和对外开放程度等对海洋经济发展具有正向推动作用③④⑤。邹玮等分析了影响海洋经济效率空间演化的主要因素，研究得出区位优势（用海洋经济区位熵来表征）对海洋经济效率产生正向影响，而海洋产业结构和外商直接投资对海洋经济效率产生负向影响⑥；王泽宇等的研究指出，不同因素对海洋经济空间格局演变的作用有所不同，海洋产业结构、海洋资源利用能力、海洋科技支撑能力、沿海地区对外开放程度及海洋经济就业潜力具有明显的正向作用，而海洋生态环境、基础设施则表现出负向作用⑦。

3. 空间协同布局策略

区域海洋经济发展空间协同布局主要研究对海洋经济发展起支撑作用的各类空间要素一体化配置，重点聚焦沿海地区各城市间海洋经济的错位发展和分工协作。例如孙才志等基于各城市海洋产业的比较优势，提出环渤海地区海洋经济协

① 李博，田闯，金翠，等. 环渤海地区海洋经济增长质量空间溢出效应研究［J］. 地理科学，2020，40（8）：1266－1275.

② 邓昭，段伟，李振福. 我国三大经济圈海洋经济空间差异研究［J］. 海洋经济，2022，12（6）：93－101.

③ 李博，田闯，史钊源，等. 辽宁沿海地区海洋经济增长质量空间特征及影响要素［J］. 地理科学进展，2019，38（7）：1080－1092.

④ 李旭辉，何金玉，严晗. 中国三大海洋经济圈海洋经济发展区域差异与分布动态及影响因素［J］. 自然资源学报，2022，37（4）：966－984.

⑤ 李山，赵璐. 中国海洋经济空间格局演化及其影响因素［J］. 地域研究与开发，2020，39（4）：18－23.

⑥ 邹玮，孙才志，覃雄合. 基于 Bootstrap－DEA 模型环渤海地区海洋经济效率空间演化与影响因素分析［J］. 地理科学，2017，37（6）：859－867.

⑦ 王泽宇，卢雪凤，孙才志，等. 中国海洋经济重心演变及影响因素［J］. 经济地理，2017，37（5）：12－19.

同布局策略[①]；朱念针对北部湾经济区四市的海洋经济布局展开研究，认为应形成南宁以深度加工、新兴制造和高新产业为主，钦州、防城及北海以初级原料加工为主的分工协作关系[②]。也有学者指出，沿海经济区一体化发展是海洋经济发展的必然选择，可通过完善交通网络体系、加强大工程、大项目合作等方式提高城市间的相互促进力[③]。还有学者指出，应从信息、技术、交通等方面构建区域海洋经济一体化平台，从而为区域海洋经济一体化发展提供支撑[④]。在这之中，也有学者重点强调了区域港口一体化建设，从资源整合、服务协同等多个方面对完善区域港口一体化建设进行了研究[⑤⑥]。

（二）海洋经济政策评价

作为提高海洋经济竞争力的重要工具，海洋领域政策的制定有着重要的现实意义，也能够充分反映国家公共治理能力。部分学者基于政策视角总结当前海洋经济实施政策的发展趋势与特点，评估具体政策的实施效应，进一步提出优化建议，为完善海洋经济政策体系提供了决策支撑。

1. 政策内容研判

学者在有关研究中开展政策分析，主要有静态视角与动态视角两个方面。静态视角侧重于海洋经济政策的制定和优化，例如胡洁等总结了"十三五"时期支持广东省海洋经济发展的相关政策的主要特点与不足，提出科学推进海陆统筹发展、积极推进现代海洋经济体系、提升海洋科技创新与发展水平以及推进海洋经济绿色可持续发展等高质量发展的建议[⑦]；赵鹏分析了"十四五"规划中海洋领域

---

① 孙才志，杨羽頔，邹玮. 海洋经济调整优化背景下的环渤海海洋产业布局研究 [J].中国软科学，2013（10）：83－95.

② 朱念. 北部湾经济区海洋产业的布局 [J]. 经济导刊，2011（1）：62－63.

③ 孙蕾，张耀光. 我国五大海洋经济区域空间相互作用的测算 [J]. 统计与决策，2011（20）：111－114.

④ 向云波，彭秀芬，徐长乐. 长江三角洲海洋经济空间发展格局及其一体化发展策略 [J]. 长江流域资源与环境，2010，19（12）：1363－1367.

⑤ 汪传旭. 对新形势下长三角港口一体化的路径与对策的思考 [J]. 交通与港航，2018，5（3）：25－27.

⑥ 吴亲晓，陆菁菁，陈迎新，等. 江苏沿江港口一体化资源整合研究 [J]. 中国商论，2018（16）：166－167.

⑦ 胡洁，徐丛春，李先杰. "十三五"以来广东省海洋经济发展政策概析 [J]. 海洋经济，2020，10（6）：42－49.

的有关内容，提出今后一段时期我国海洋经济在区域协调发展、现代产业体系构建、绿色发展、蓝色经济国际合作和海洋经济治理 5 个重点领域的主要政策取向[1]。动态视角则更为关注政策的发展规律，李纪琛以 1997 年来我国沿海重点海洋经济和海洋技术产业发展省市出台的 228 项地方海洋科技政策文本为研究对象，运用客观定量的分析方法开展海洋科技政策变迁分析，发现海洋科技领域政策工具与目标导向逐渐多元，但对需求侧关注不足[2]。

2. 政策实施评估

准确客观地评估政策实施带来的各方面效应，对于全面认识海洋经济发展现状，优化相关海洋政策与战略具有重要意义。王泽宇等研究了海洋强国战略的政策效应，证实了相关政策起到推动沿海地区经济增长的作用，使沿海地区的实际人均 GDP 平均每年增长 0.94 个百分点[3]。邢澜和张广海分析了海洋经济发展试点政策对区域经济韧性及旅游经济韧性的影响，发现试点政策效应总体上为积极影响，但存在较大的区域差异[4]。刘雅君考察了"一带一路"倡议对中国海洋经济发展的影响，最后提出扩大海洋产业规模、优化海洋产业结构、增加海洋劳动力投入以及提高海洋科技发展水平等政策建议[5]。

（三） 海洋产业空间布局

海洋产业布局即各海洋产业部门的空间分布和组合形态[6]。受技术水平限制，大多数海洋产业现阶段只能布局于海岸带及邻近海域。与陆域产业空间布局不同，海域空间的自然属性导致海洋产业的布局在宏观尺度只能沿海岸线呈点状或直线

① 赵鹏. "十四五"时期我国海洋经济发展趋势和政策取向 [J]. 海洋经济，2022，12 (6)：1 – 7.

② 李纪琛. 我国地方海洋科技政策的变迁分析：基于 1997—2021 年 228 项政策文本的实证研究 [J]. 中国海洋大学学报（社会科学版），2022 (3)：20 – 31.

③ 王泽宇，李秦，唐云清，等. 海洋强国战略政策效应评估：基于 HCW 模型的实证分析 [J]. 地理研究，2023，42 (5)：1215 – 1233.

④ 邢澜，张广海. 海洋经济发展试点政策对区域经济韧性的影响：基于沿海地区的准自然实验 [J]. 地理科学进展，2023，42 (2)：260 – 274.

⑤ 刘雅君. "一带一路"倡议对中国海洋经济发展的影响效应评估 [J]. 改革，2021 (2)：106 – 117.

⑥ 韩立民，都晓岩. 海洋产业布局若干理论问题研究 [J]. 中国海洋大学学报（社会科学版），2007 (3)：1 – 4.

状发展①。现有研究多聚焦于海洋产业总体格局、单一海洋产业的空间布局以及海洋产业空间布局优化三方面。

1. 海洋产业总体格局

这类研究多聚焦于海洋产业的空间发展格局构建和空间结构优化。例如于谨凯等基于"点—轴"理论，提出以沿海三大港口群及所在区域中心城市为"点"，以海洋运输、临海产业带为"轴"的我国海洋产业"三点群两轴线"的空间布局体系②；毛蒋兴等运用 NRCA 模型对北部湾海洋产业布局现状进行评价，进而提出构建"一带双轴三区多极核"的海洋产业空间总体发展格局③；施刚针对宁波市海洋产业空间布局和结构现存问题，提出构建"一核两带十区十岛"的海洋产业空间结构④。

2. 单一海洋产业的空间布局

各类海洋产业特征不同，布局模式也存在差异。因此，部分学者针对特定的海洋产业进行了空间布局研究。例如彭洪兵等以海洋能产业为例，从海洋能资源、研发和装备制造能力、开发利用基础、规划导向和基础设施条件等方面进行多指标综合评价，进而提出在广东万山、浙江舟山、山东等地构建海洋能综合测试、装备制造及研发设计产业聚集区的布局建议⑤；于谨凯等以海水养殖业为例，通过对沿海地区海水养殖空间的收入、生产成本、环境依赖度和生态损害进行矩阵测度，提出各省份的海水养殖优化次序⑥；童心等以海洋战略性新兴产业为例，在对长三角地区海洋战略性新兴产业现状布局进行评价的基础上，从产业链维度提出该产业的布局建议⑦。

① 都晓岩. 泛黄海地区海洋产业布局研究 [D]. 青岛：中国海洋大学，2008.

② 于谨凯，于海楠，刘曙光，等. 基于"点—轴"理论的我国海洋产业布局研究 [J]. 产业经济研究，2009（2）：55－62.

③ 毛蒋兴，李青香，廖海燕. 基于 NRCA 模型的北部湾海洋产业空间布局研究 [J]. 南宁师范大学学报（自然科学版），2020，37（2）：48－57.

④ 施刚. 宁波市海洋产业空间布局和结构优化研究 [D]. 杭州：浙江工业大学，2013.

⑤ 彭洪兵，吴姗姗，麻常雷，等. 我国海洋能产业空间布局研究 [J]. 海洋技术学报，2017，36（4）：88－94.

⑥ 于谨凯，李海阳. 基于灰色局势决策模型的海水养殖空间布局优化决策 [J]. 海洋经济，2019，9（2）：28－36.

⑦ 童心，谭春兰，朱清澄. 长三角地区海洋战略性新兴产业布局评价和优化 [J]. 海洋开发与管理，2019，36（10）：47－51.

3. 海洋产业空间布局优化

在海洋产业空间布局优化层面，当前研究主要聚焦于海洋产业集聚带、海洋产业集群、海洋产业园区等不同空间布局类型。例如杨晓峰等以南通市为例，提出通过建设高水平渔港经济区、海港航运区、临港产业区和滨海旅游区，从而对现代海洋产业集聚带的空间布局进行优化调整①；王惠丽以舟山渔港为例，研究了海洋渔业产业集群的布局模式，提出临港布局和等级布局两种布局方式②；沈体雁等基于对我国海洋产业园区发展现状的分析，进而提出"两带三心五圈"的海洋产业园区发展格局，以期促进我国海洋产业园区集约发展③。

（四）海洋经济高质量发展

1. 高质量发展理论内涵

厘清理论内涵是开展海洋经济高质量发展评估评价的基础。孙才志等认为，高质量发展体现在两个方面：一是发展主体作为系统的效率与韧性；二是高质量发展的水平和能力，最终实现"高效""公平"和"可持续"发展④。赵晖等基于天津市发展实际提出，海洋经济高质量发展的本质是提高海洋经济密度与海洋经济投入产出的效率，在五大发展新理念的指导下最终实现海洋经济发展各要素高效集约可持续发展⑤。丁黎黎认为海洋经济高质量发展是以"海洋经济—海洋资源—海洋环境—海洋科技—海洋社会"五大系统为发展对象，在质量、效率、驱动力三个方面的变革过程⑥。总体而言，当前学者对于海洋经济高质量发展的理论内涵阐释都以新发展理念为指导，但尚未形成统一观点。

---

① 杨晓峰，徐光明. 现代海洋产业集聚带空间布局优化研究：以南通市沿海产业布局为例 [J]. 盐城师范学院学报（人文社会科学版），2019，39（1）：24 – 29.

② 王惠丽. 海洋渔业产业集群结构与布局研究：以舟山渔港为例 [D]. 舟山：浙江海洋学院，2015.

③ 沈体雁，施晓铭. 中国海洋产业园区空间布局研究 [J]. 经济问题，2017（3）：107 – 110.

④ 孙才志，李博，邹伟. 海洋经济高质量发展的研究进展及展望 [J]. 海洋经济，2021，11（1）：1 – 9.

⑤ 赵晖，张文亮，张靖苓，等. 天津海洋经济高质量发展内涵与指标体系研究 [J]. 中国国土资源经济，2020，33（6）：34 – 42，62.

⑥ 丁黎黎. 海洋经济高质量发展的内涵与评判体系研究 [J]. 中国海洋大学学报（社会科学版），2020（3）：12 – 20.

2. 高质量发展水平测度

全面评价海洋经济高质量发展水平是开展海洋经济研究的关键环节，科学构建评价指标体系是当前海洋经济高质量发展的研究重点。徐胜和高科以五大发展新理念为指引，从经济、社会、生态、科技、资源五大维度构建评价指标，通过熵值法、层次分析法、灰色关联法、主成分分析法等方法，测度了大连、天津、青岛等 9 个城市的高质量发展水平[①]。狄乾斌等基于海洋经济高质量发展的"前提—路径—目的"逻辑框架，评价 2007—2017 年中国沿海 11 省市海洋经济高质量发展水平和区域差异[②]。崔聪慧等构建了资源效率、经济结构、科技创新、开放水平及绿色生态 5 个维度的海洋经济高质量发展指标体系，评估了粤港澳大湾区海洋经济高质量发展水平，并对城市发展水平进行分类，指出粤港澳大湾区应因地制宜制定政策补齐区域短板[③]。

3. 高质量发展路径研判

探寻海洋经济高质量发展的有效路径，是我国当前亟待展开的重大理论与现实课题。朱坚真等从战略、过程、结果三个层面提出蓝色金融创新赋能广东海洋产业高质量发展的路径[④]。闵晨和平瑛在高质量发展水平评价的基础上，提出促进海洋经济高质量发展的提升路径，包括海洋科技创新与海洋产业结构升级协同发展、完善海洋生态环境保护政策、打造对外开放新格局等[⑤]。朱凌等在综合分析北海市海洋经济发展基础、存在问题、面临机遇与挑战的基础上，从产业发展、科技创新、生态文明建设、对外开放和金融支持 5 个方面提出具体对策建议[⑥]。

① 徐胜，高科. 中国海洋中心城市高质量发展水平测度研究 [J]. 中国海洋大学学报（社会科学版），2022（4）：1－13.
② 狄乾斌，高广悦，於哲. 中国海洋经济高质量发展评价与影响因素研究 [J]. 地理科学，2022，42（4）：650－661.
③ 崔聪慧，李宁，樊双涛，等. 粤港澳大湾区海洋经济高质量发展水平评估及其提升策略 [J]. 时代经贸，2022，19（10）：141－146.
④ 朱坚真，林东毅，谢龙菲. 蓝色金融创新赋能广东海洋产业高质量发展路径研究 [J]. 新经济，2023（7）：94－112.
⑤ 闵晨，平瑛. 海洋经济高质量发展能力评价与提升路径研究 [J]. 海洋开发与管理，2023，40（5）：120－128.
⑥ 朱凌，胡洁，郑艳，等. 关于北海市海洋经济高质量发展的思考 [J]. 海洋经济，2022，12（6）：74－81.

（五）　海洋资源可持续开发与利用

随着人类认识海洋、利用海洋能力的提高，海洋生态文明逐步受到社会各界的重视。为了促进海洋资源可持续开发利用，越来越多的学者开始探索海洋生态经济可持续发展的有效路径，通过测度海洋生态系统可持续发展的水平，为协同海洋经济发展、海洋生态资源保护与利用提供思路参考。

1. 海洋经济可持续发展水平评价

海洋经济可持续发展是实现人海和谐的重要保障，对于其发展水平的测度能够为发展战略优化以及产业体系布局提供指引。韩增林等引入能值分析理论，对我国沿海地区的海洋生态环境质量和经济效益做出评价，有效地将生态、社会、经济等子系统结合起来，发现环境负载率高的地区与海洋经济发达地区高度耦合[①]。徐胜和马振文应用了 DPSIR 模型评价环渤海地区海洋经济可持续发展水平，并据此提出优化海洋产业结构、提高海洋科技创新水平等政策建议[②]。也有学者针对特定产业评价资源利用效率，如戴桂林等对中国沿海 11 省市海洋药用生物资源的利用潜力进行了定量测算以及等级划分，并对各省海洋生物医药产业的发展潜力做出了比较评价，为相关省区海洋药用生物资源优化配置及其产业合理布局提供决策参考[③]。

2. 海洋经济发展与生态保护协调性研究

海洋生态、经济、社会的协调性是衡量海洋经济可持续发展水平的重要依据[④]。部分学者通过对我国沿海地区的实证研究，指出海洋产业集聚水平的提高会加剧海洋环境污染，并存在显著的空间溢出效应[⑤]。因此，产业集聚与资源环境的

---

① 韩增林，胡伟，钟敬秋，等. 基于能值分析的中国海洋生态经济可持续发展评价 [J]. 生态学报，2017，37（8）：2563 - 2574.

② 徐胜，马振文. 基于 DPSIR 模型的海洋经济可持续发展评价研究：以环渤海地区为例 [J]. 海洋经济，2017，7（4）：28 - 35.

③ 戴桂林，林春宇，付秀梅，等. 中国海洋药用生物资源可持续利用潜力评价：基于熵权 - 层次分析法 [J]. 资源科学，2017，39（11）：2176 - 2185.

④ 苟露峰，杨思维，高强. 基于集对分析的中国海洋经济协调发展评价 [J]. 中国国土资源经济，2017，30（2）：69 - 73.

⑤ 王燕. 中国海洋产业集聚对区域绿色经济增长影响及空间溢出效应研究 [D]. 秦皇岛：燕山大学，2021.

耦合协调发展尤为重要[①]。李璟瑶和陈璇从海洋经济、海洋科技、海洋环境等5个方面构建海洋经济可持续发展指标体系，量化评估上海市海洋经济各子系统间的协调性，发现海洋科技、海洋环境与海洋经济协调性较低，制约了上海市海洋经济可持续发展[②]。由此可见，海洋经济发展是一项系统性、长期性工程，需要从各个方面统筹推进，促进社会—生态复合系统协调发展。

三、研究述评

海洋经济是支撑我国社会经济高质量发展的重要领域，随着国家发展战略对海洋经济支持力度的加大，海洋经济得到飞速发展，海洋经济与产业体系布局研究深度逐渐加深。同时，海洋经济研究领域逐步拓展，海洋资源可持续利用、海洋高质量发展等新研究领域越来越受到重视，海洋经济研究内容不断丰富。然而，当前海洋经济相关研究仍存在三方面不足需要加强：一是需要进一步完善海洋经济理论体系，当前研究大多借鉴国外发达地区的发展经验，对符合中国国情的海洋经济发展路径与空间布局基础理论的研究较少，需要建立具有中国特色的海洋经济理论体系；二是要加强海洋战略性新兴产业研究，破解发展难题，构建区域特色鲜明、产业体系完善的现代海洋经济发展框架；三是加强大数据决策支持，当前研究主要采用统计年鉴、政府公报等社会经济数据作为研究基础，评价指标较为单一，可以加强大数据决策支持，通过对大数据的分析、挖掘、处理和应用，促进海洋经济研究领域融合，以及促进海洋经济的产业升级和快速健康增长。

---

① 郑雪晴，胡求光. 海洋产业集聚对海洋环境污染的影响及空间溢出效应分析：基于中国沿海11省市数据的检验［J］. 科技与管理，2020，22（1）：17－22.

② 李璟瑶，陈璇. 上海市海洋经济可持续发展综合评价模型实证研究［J］. 海洋经济，2021，11（3）：38－47.

第三章　海洋六大产业相关研究进展

一、海洋六大产业提出背景

习近平总书记对广东海洋经济工作高度重视、亲切关怀、寄予厚望，先后多次作出重要指示。其中，在参加 2018 年 3 月的十三届全国人大一次会议广东代表团审议时强调，要把海洋经济等战略性新兴产业发展作为重中之重，构筑产业体系新支柱。在致 2019 中国海洋经济博览会的贺信中指出，海洋是高质量发展战略要地，要加快海洋科技创新步伐，提高海洋资源开发能力，培育壮大海洋战略性新兴产业。在 2023 年 4 月到广东考察时，强调要加强陆海统筹、山海互济，强化港产城整体布局，加强海洋生态保护，全面建设海洋强省。

广东省委、省政府全面贯彻落实党的二十大精神和习近平总书记视察广东重要讲话、重要指示精神，以习近平总书记关于建设海洋强国的系列重要论述精神为根本指引，切实把海洋作为高质量发展的战略要地。2019 年，广东省多部门联合印发《广东省加快发展海洋六大产业行动方案（2019—2021 年）》，明确了六大产业的重点任务和产业空间布局要求（见表 3 - 1），准确、系统地指导广东省海洋经济发展，为广东省未来一段时间内高质量发展海洋经济提供了重要的决策依据和抓手。

表 3-1　广东省海洋六大产业相关政策要求

类别	产业发展要求	产业空间布局
海洋电子信息产业	突破一批水下电子信息核心技术、提升船舶海洋工程电子设备研发制造水平、打造海洋电子信息集群化示范基地	在深圳等市规划布局新型海洋电子信息产业示范园区和孵化基地，以广州、深圳市为核心，积极引进海洋电子信息领域国际知名企业，打造支撑全省海洋电子信息产业发展的创新高地和示范基地
海上风电产业	建设珠三角海上风电科创金融基地、建设粤西海上风电高端装备制造基地、建设粤东海上风电运维和整机组装基地	推进珠海、惠州等市海上风电项目建设，依托广州南沙新区、深圳前海新区、珠海横琴新区、中山火炬高技术产业开发区等国家级平台发展海上风电金融产品，培育和创新海上风电金融业务
海洋生物产业	推进海洋生物医药重点领域研发及应用推广、搭建海洋生物产业服务平台、打造海洋生物产业集聚区	加快广州、深圳、湛江等市海洋生物医药研究技术管理平台和创新孵化器建设，加快广州南沙国家科技兴海产业示范基地、深圳国际生物谷大鹏海洋生物园建设，推动珠海、东莞、中山等市生物科技基地和产业园发展
海洋工程装备产业	打造高端海洋工程装备产业集群、搭建海洋工程装备产业科技创新平台、发展高端海洋工程装备产品	支持在深圳、珠海、中山等市建立智能海洋工程装备研发中心；推动广州国家级智慧海洋创新研究院建设；推动深圳海洋工程装备国家级海试基地、珠海无人艇与智能船舶测试和评估体系海上综合测试场建设
天然气水合物产业	加快勘查开采先导试验区建设、加强核心工程技术攻关、建设基础设施配套基地	以广州、深圳市为核心，加快推动我省天然气水合物开发总部基地、支持服务基地、技术研发基地、集成配套基地、总装基地等基础设施建设
海洋公共服务产业	推动海洋观测与监测服务、创新海岸带资源智慧管理服务、加强海洋强省战略等专题研究	围绕粤港澳大湾区建设和打造现代化沿海经济带，重点开展海洋基础调查、海洋空间资源承载能力、海洋规划体系、海洋经济高质量发展、海洋生态修复技术等战略性、基础性研究，强化支撑管理决策咨询能力

资料来源：《广东省加快发展海洋六大产业行动方案（2019—2021 年）》。

二、海洋六大产业研究概述

海洋六大产业的提出使广东省海洋发展环境进一步优化[①]，但学界关于海洋六大产业的整体研究尚不多见。王烨嘉等在海洋六大产业背景下，深入研究海洋战略性新兴产业的发展动力与环境，提出了支持核心技术突破、完善产业链、支撑产业集聚发展和强化品牌建设的发展路径，并从发展环境、人才支撑、资金支持等方面提出保障措施[②]。喻卫斌等指出，海洋六大产业互为关联产业，具有相似的生产要素以及技术投入需求，迫切需要构建管理规范、运行机制完善的海洋产业合作平台，促进资源的合理高效利用[③]。与此同时，也有一些学者分别对海洋六大产业展开研究。

（一）海洋电子信息产业

关于海洋电子信息产业的研究主要依循"现状总结—问题分析—策略建议"的研究范式。例如，潘洪军等从我国海洋电子技术的研究现状及与世界先进水平的差距出发，论述了开展海洋电子技术研究的重要性，提出加快发展相关产业的建议[④]；郑有为等从产业创新的角度，剖析广东省海洋电子信息产业创新现状，基于现状问题提出创新能力提升措施[⑤]；阳媛等分析了广东省海洋电子信息产业的发展环境，建议从完善上下游产业链、构建科技支撑平台体系、打造海洋电子信息产业创新高地以及开拓海洋电子市场几个方面探索其产业化发展路径[⑥]；赵川平和倪晓磊立足人才培养的视角，以舟山市为例对如何建设海洋电子信息企业人才队

---

① 黄何，王增栩，谷卫彬. 促进广东海洋强省建设的对策探讨［J］. 广东科技，2021，30（7）：62－65.

② 王烨嘉，鲁亚运，权威. 广东海洋战略性新兴产业发展路径与对策研究［J］. 产业创新研究，2021（19）：19－23.

③ 喻卫斌，肖志国，彭勃. 广东海洋六大产业合作平台管理机制研究［J］. 广东科技，2021，30（9）：58－61.

④ 潘洪军，朱世强，候志凌，等. 我国海洋电子技术发展现状与对策［J］. 浙江海洋大学学报（自然科学版），2018，37（1）：76－80.

⑤ 郑有为，赵雪娜，杨林美. 广东省海洋电子信息产业创新现状研究［J］. 广东经济，2020（8）：60－65.

⑥ 阳媛，姚琴，宋丹凤. 广东省海洋电子信息产业发展路径研究［J］. 产业创新研究，2021（20）：21－24.

伍提出若干建议①。

（二） 海上风电产业

世界主要能源国家均高度重视可再生能源的开发利用，早期海上风电产业的研究主要集中于对发达国家能源战略与政策的分析，为国内风电产业布局提供指引。姜丽等分析了英国、法国、德国以及丹麦等国家的风能发电现状，指出国家政策倾向、风能市场以及基础设施建设能力是影响风能产业效率的关键因素②。随着技术的不断成熟，海上风电相关产业生产成本显著下降，从而促进了我国海上风电产业的快速发展。在新时期国家政策扶持下，如何科学有序地发展海上风电产业，合理规划发展空间布局是当前的研究热点③。相关学者也积极响应国家战略导向，其研究立足广东④、山东⑤、江苏⑥、福建⑦等海洋经济强省发展实际，并依次提出建议，为沿海地区布局风电场提供决策指引。

（三） 海洋生物产业

海洋生物产业被公认为 21 世纪最有前途的产业之一。国内研究主要聚焦海洋生物医药与生物制品产业，总结了海洋生物研发状况⑧⑨，分析了产业化国际合作

---

① 赵川平，倪晓磊. 舟山市海洋电子信息产业人才队伍建设的研究与思考 ［J］. 人力资源管理，2015（7）：249－252.

② 姜丽，王群，王琦. 国外海洋风能发展现状及对我国的借鉴意义 ［J］. 海洋信息，2014（1）：56－58.

③ 张平，鞠劭芃，江波. 科学有序发展海上风电产业的思考与建议 ［J］. 中国国土资源经济，2023，36（6）：68－74，82.

④ 林世爵，刘启强. 广东海上风电产业发展现状及对策建议 ［J］. 自动化与信息工程，2023，44（2）：1－5，15.

⑤ 马哲，党安涛，李彬，等. 山东省海上风电产业高质量发展对策研究 ［J］. 海洋开发与管理，2022，39（2）：77－81.

⑥ 顾云娟，钱林峰，周红芳，等. 江苏海上风电产业创新发展路径与对策研究 ［J］. 海洋开发与管理，2023，40（4）：106－115.

⑦ 邓睿. 海上风电产业发展思路与对策建议：以福建省为例 ［J］. 能源与节能，2020（2）：52－53.

⑧ 陈力，张慧萍，李珊珊，等. 福建省海洋药物与生物制品产业高质量发展路径分析 ［J］. 海洋开发与管理，2022，39（5）：3－8.

⑨ 付秀梅，薛振凯，刘莹. "一带一路"背景下我国海洋生物医药产业发展研究 ［J］. 中国海洋大学学报（社会科学版），2019（3）：21－30.

机制①，提出健全产业标准体系②、刺激市场需求③以及积极引用科学技术和加强专业人才培养④ 等发展建议，为产业结构优化调整提供了参考。在完成产业发展现状梳理的基础上，越来越多的学者开始探索海洋生物产业的发展效率，研究视角从规模扩张转向发展质量提升，沈金生等分析了海洋生物医药产业要素配置效率，进一步厘定劳动力、资本、政策等要素的贡献⑤。周慧榆和白福臣构建指标评价了广东省海洋生物医药产业集聚度，指出需要进一步通过培育人才、强化政府作用、拓展市场以及鼓励企业投资等措施提升产业集聚水平⑥。

（四） 海洋工程装备产业

在宏观经济政策领域，海洋工程装备产业现阶段的研究主要聚焦于布局现状、问题以及对策，部分学者结合沿海地区发展实际总结出该产业当前主要存在产业链短、配套能力弱、设计研发能力落后、深海装备起步较晚等问题，提出了编制产业规划、提升海工装备创新能力、完善产业政策、延长产业链等对策与建议⑦⑧。随着创新驱动发展战略的不断推进，越来越多的学者关注到科技创新投入在海洋工程装备产业的重要地位。武晓岚在比较 40 家企业的研发投入情况后，总结认为研发投入及其绩效是制约海洋工程装备产业全球竞争力提升的关键因素⑨；贾鸿宇

① 付秀梅，陈倩雯，王东亚，等. 我国海洋生物医药研究成果产业化国际合作机制研究 ［J］. 太平洋学报，2015，23（12）：93 – 102.

② 陈兴麟，吴黄铭，汤熙翔. 中国海洋生物医药与制品产业发展建议：基于四个城市的调研分析 ［J］. 中国发展，2020，20（4）：14 – 21.

③ 纪蕾，王颖，刘天红，等. 山东省海洋生物制品产业发展研究 ［J］. 渔业信息与战略，2020，35（3）：190 – 197.

④ 黄盛，周俊禹. 我国海洋生物医药产业集聚发展的对策研究 ［J］. 经济纵横，2015（7）：44 – 47.

⑤ 沈金生，杨冠英，张杰. 海洋生物医药业发展要素的贡献测度与配置对策研究 ［J］. 生态经济（学术版），2013（2）：243 – 247.

⑥ 周慧榆，白福臣. 广东省海洋生物医药产业集聚及影响因素研究 ［J］. 河北渔业，2020（7）：46 – 50.

⑦ 刘广东，冯多. 辽宁海洋工程装备制造产业：竞争力、发展难题和创新策略 ［J］. 沈阳农业大学学报（社会科学版），2021，23（5）：535 – 540.

⑧ 张哲，郑国富，丁兰，等. 福建省海洋工程装备产业现状与发展对策探讨 ［J］. 海洋开发与管理，2018，35（5）：114 – 118.

⑨ 武晓岚. 海洋工程装备产业竞争力要素实证分析 ［J］. 中国国情国力，2021（6）：41 – 45.

等在总结 4 家企业的智能化转型成功案例以及 2 所高校最新的智能制造研究成果的基础上，归纳总结出海洋工程装备产业在管理智能化和生产线智能化两个方面的转型路径①。

（五）天然气水合物产业

天然气水合物是一种天然的绿色能源，对于开采以及环境保护的要求极高，因此天然气水合物产业在全球范围内还处于成长初级阶段，尚未形成完整的产业链②。当前研究主要集中于我国天然气水合物勘探开发、政策规划等方面的工作进展的梳理③，展望产业化关键技术路线④，并提出了加大天然气水合物资源调查力度与勘探开发技术攻关⑤、制定天然气水合物支持政策⑥、加快促进产业创新发展⑦以及积极推进能源金融发展和强化海洋人才队伍支撑⑧等方面的政策建议。

（六）海洋公共服务产业

我国海洋公共服务产业起步较晚，在早期研究中，学者更多地把海洋公共服务作为海洋经济发展的辅助工具⑨，多围绕着海洋公共服务概念界定⑩、供给体系

---

① 贾鸿宇，伊鹏，郭鹏增，等. 海洋工程装备制造业智能制造应用发展现状［J］. 船舶工程，2022，44（1）：112－116，153.

② 孙玉清，李静，王茜. 可燃冰发展现状及产业化前景［J］. 经济研究参考，2014（50）：13－16，31.

③ 皮光林，王敏生，光新军，等. 我国天然气水合物勘探开发行业现状、挑战与对策［J］. 中国矿业，2018，27（4）：1－5.

④ 马宝金，樊明武，王鄂川. 海域天然气水合物产业与技术发展及对策建议［J］. 石油科技论坛，2020，39（3）：60－66.

⑤ 皮光林，王敏生，光新军，等. 我国天然气水合物勘探开发行业现状、挑战与对策［J］. 中国矿业，2018，27（4）：1－5.

⑥ 刘芳，原峰，权威. 浅谈广东省天然气水合物产业发展现状［J］. 当代经济，2020（9）：76－78.

⑦ 林丽珊. 天然气水合物研究的政策导向与创新驱动策略［J］. 科技创新发展战略研究，2020，4（2）：22－28.

⑧ 冯猜猜，胡振宇，安然，等. 广东天然气水合物产业发展对策研究［J］. 海洋开发与管理，2021，38（2）：36－40.

⑨ 胡其红. 应对海洋经济发展的海事公共服务能力建设［J］. 交通运输部管理干部学院学报，2011，21（4）：27－29.

⑩ 叶芳. "海洋公共服务"概念厘定［J］. 浙江海洋学院学报（人文科学版），2012，29（6）：21－25.

与平台构建①②以及供给能力评价③等方面展开论述，对海洋公共服务的经济产业属性认知不足。也有学者基于宏观经济学视角对海洋公共服务产业进行分析，研究区域主要集中在粤港澳大湾区或广东省，总结当前产业发展中存在的不足，包括海洋公共服务科技水平不高、区域布局不协调、发展未成规模、市场化程度较低、国际交流不足等问题④⑤。

三、海洋六大产业研究述评

当前，关于海洋六大产业的研究已经积累了初步的成果，其对于广东省海洋六大产业的发展具有积极的支撑作用。但随着海洋六大产业发展阶段的不断深入、发展水平的不断提升，未来还需要进一步丰富与强化相关研究成果。结合近几年的研究热点，对接国家、省市相关政策，未来广东省海洋六大产业融合发展研究还可从研究对象、研究尺度和研究内容三个方面进一步延伸与拓展。

在研究对象层面，可由单一产业转向创新产业集群。伴随海洋六大产业政策出台，不少学者积极迎合政策热点，从广东省海洋经济发展现状出发，梳理不同海洋经济产业类型的制约要素及主要存在问题，提出了产业优化路径，为解决产业发展中的难点提供了借鉴意义。高质量发展背景下，产业集群具有降低企业创新成本、推动产业链协同发展的重要作用，需要总结不同类型海洋产业融合发展的普遍性规律，开展集群质量变革，推动海洋六大产业供给向中高端跃升⑥。

在研究尺度方面，可从局地视角转向跨区融合协作。广东海洋第一、第二产业已初步形成产业链条，而港澳地区则拥有先进的综合海洋服务业，两者形成明

① 叶芳. 海洋公共服务供给体系的构建［J］. 中共浙江省委党校学报，2013，29（3）：92－96.

② 陆毅，牛红光，刘一帆，等. 数字海洋公共服务平台设计的几点思考［J］. 海洋测绘，2017，37（6）：58－61.

③ 吴高峰，叶芳. 海洋公共服务供给能力评价指标体系构建及实证分析［J］. 农村经济与科技，2017，28（7）：47－50.

④ 冯蕊，史秦川，杨伦庆. 广东省海洋公共服务业发展探讨［J］. 合作经济与科技，2020（16）：162－165.

⑤ 朱坚真，姚微. 粤港澳大湾区现代海洋服务业结构优化研究［J］. 广东经济，2023（6）：42－45.

⑥ 丁骋伟. 基于高质量发展视角下的深圳海洋产业集群发展对策研究［J］. 特区经济，2022（1）：13－16.

显的比较优势和互补优势，探讨粤港澳海洋经济协同发展的实施路径具有重要意义①。当前研究已经逐渐从对广东省②、香港③、澳门④的海洋经济发展现状及问题开展研究，转向讨论区域海洋产业分工、联系、整合等内容⑤，为区域海洋经济整体水平提升提供理论依据。未来可以此为基础，细化基于海洋六大产业在不同城市之间的产业分工与合作关系，为其实现更高水平的区域协同发展提供理论指导。

　　在研究内容方面，可从经验模式总结转向机制体制创新。广东省海洋六大产业融合发展尚处于起步阶段，现阶段研究大多以实践做法、经验总结、定性分析等为主，研究的重点集中于发展模式、问题剖析及政策建议。未来亟待对海洋六大产业的外部驱动因素分析与内部运行机制开展深入研究，为促进多方参与海洋产业体系开发提供决策支持。

　　① 向晓梅，张超. 粤港澳大湾区海洋经济高质量协同发展路径研究 [J]. 亚太经济，2020 (2)：142－148，152.

　　② 杨阳. "十四五"时期广东培育海洋创新型产业集群路径初探：基于欧洲经验启示 [J]. 海洋开发与管理，2022，39 (9)：99－107.

　　③ 姚荔，杨潇，杨黎静. 粤港澳大湾区视角下香港海洋经济发展策略研究 [J]. 海洋经济，2018，8 (6)：46－53.

　　④ 赵昕，李慧. 澳门海洋经济高质量发展的路径 [J]. 科技导报，2019，37 (23)：39－45.

　　⑤ 杨黎静，谢健. 面向海洋强国建设的粤港澳大湾区海洋合作：演进与创新 [J]. 经济纵横，2023 (5)：50－58.

现状认知篇

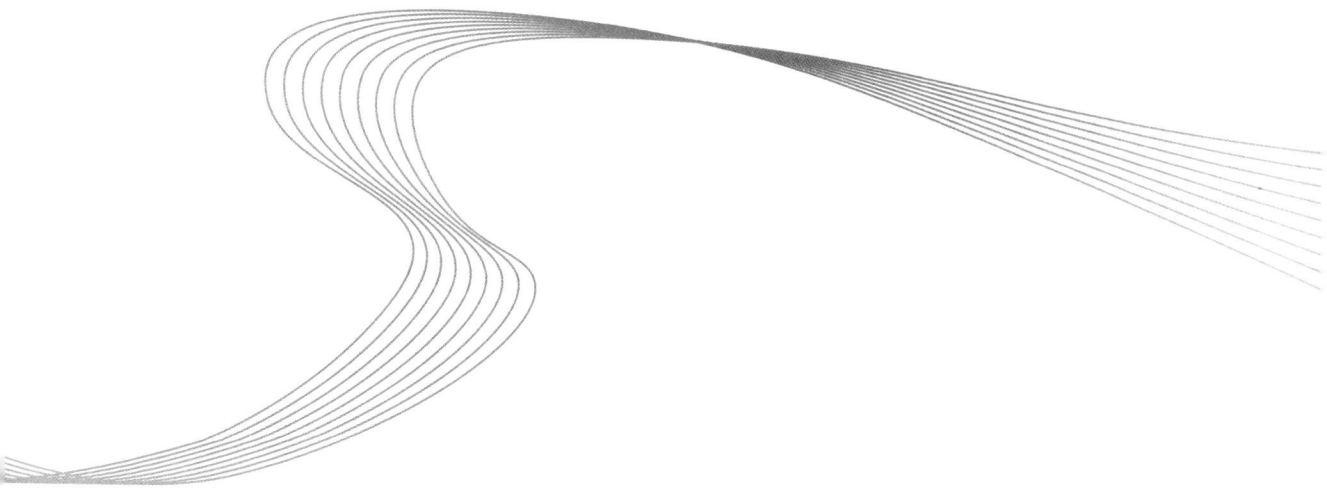

Current Situation

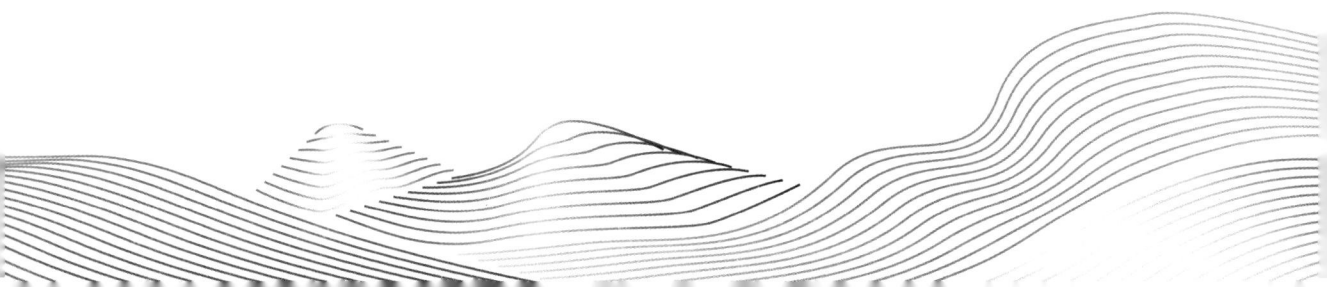

第四章　广东海洋经济总体发展概况

广东具有突出的海洋地理区位优势，海洋赋予其鲜明的底色。广东因海而兴，独特的资源禀赋造就了其良好的海洋经济发展基础。海洋经济正在成为引领广东经济高质量发展和对外开放的重要引擎。经过多年建设，广东海洋产业体系不断健全，形成了海洋先进制造业及现代服务业互补互促、协同发展的产业格局。广东海洋领域创新科技要素加快流动，吸引了一批高水平涉海创新载体和大科学装置落户。制造业优势不断向海延伸，初步形成珠三角、粤东、粤西三大海洋经济区临海工业集群[①]。根据《广东省海洋经济发展报告（2023）》，全省2022年实现海洋生产总值18 033.4亿元，同比增长5.4%，占地区生产总值的14.0%，占全国海洋生产总值的19.1%。全省海洋三次产业结构比为3.0∶31.9∶65.1，海洋第一产业增加值占海洋生产总值比重同比下降0.1个百分点，海洋第二产业比重同比上升2.6个百分点，海洋第三产业比重同比下降2.5个百分点。

一、珠三角海洋经济发展现状

珠三角地区对海洋经济的布局较早，海洋经济经过多年的发展已经形成一定规模，特别在珠三角核心区形成集聚。据统计，珠三角地区涉海企业主要集中于深圳、广州、东莞，其次为中山、珠海等地。从产业分布来看，涉海单位类型以海洋旅游业为主，其次依次为海洋交通运输业、海洋船舶工业，而从事海洋战略

---

① 广东全面推进海洋强省建设"广东造"海工重器创多项纪录［EB/OL］.（2023-10-13）［2024-10-09］. https://news. southcn. com/node_ 54a44f01a2/26f1c8420d. shtml.

性新兴产业（如海洋药物和生物制品业）的企业单位总体占比较少①。

近年来，珠三角核心区现代化海洋产业体系建设取得较大进展，产业基础高级化、产业链现代化加速推进。海洋经济发展新动能不断积蓄，埃克森美孚惠州乙烯一期项目进入装置安装阶段，恒力石化（惠州）PTA 项目 220kV 恒力站竣工。海洋科技自立自强水平稳步提高，天然气水合物勘查开发国家工程研究中心挂牌运作，国家海洋综合试验场（珠海）正式落户。对外开放全面持续深化，横琴、前海、南沙等重大合作平台开发建设加快推进，国际数据传输枢纽大湾区南沙节点建成投产，成功举办中国海洋经济博览会等国际会议。综合立体交通体系逐渐成形，广州、深圳国际综合交通枢纽功能巩固提升，南沙港区四期投入运营，深江高铁、狮子洋通道开工建设②。

二、粤东地区海洋经济发展现状

在广东海洋经济发展进程中，粤东地区正发挥着越来越重要的支点作用。粤东四市依托海洋、风力、地利等优势，大力发展海洋经济，积极吸引大项目落户，在海上风电、绿色石化、海水养殖等方面集聚了发展势能。

海上风电方面，粤东地区是全国重点建设的五大海上风电基地之一，其中汕头海上风电规划装机容量全省占比最大，约占全省的 53%③。粤东四市结合各自优势，吸引海上风电等新能源项目落户。目前，汕头大唐南澳勒门Ⅰ海上风电场装机容量 24.5 万千瓦，年发电 7.51 亿千瓦时；揭阳惠来神泉一、神泉二海上风电场装机容量超 90 万千瓦，年发电超 30 亿千瓦时；中广核汕尾后湖、中广核汕尾甲子海上风电场装机容量总计 140 万千瓦，年发电超 45 亿千瓦时。④ 未来，粤东地区还将加快建设海上风电产业集群，发展风电装备制造、研发、运维等产业。

---

① 李宁，吴玲玲，谢凡. 海洋经济推动粤港澳大湾区高质量发展对策研究［J］. 海洋经济，2022（2）：11 – 20.

② 广东省自然资源厅，广东省发展和改革委员会. 广东省海洋经济发展报告（2023）.（2023 – 7 – 26）［2024 – 10 – 18］. https://news. southcn. com/node_ 54a44f01a2/26f1c8420d. shtml.

③ 全球首个"四个一体化"海上风电装备制造产业园加快建设［EB/OL］.（2023 – 11 – 29）［2024 – 10 – 18］. https://www. thepaper. cn/newsDetail_ forward_ 25492901.

④ 汕头、潮州、揭阳、汕尾：新旧产业向高攻坚 蓄放澎湃动能［EB/OL］.（2023 – 11 – 17）［2024 – 10 – 09］. https://news. southcn. com/node_ 54a44f01a2/c11b1e0c40. shtml.

石化工业方面，揭阳市惠来县大南海石化工业区是目前国内一次性建设规模最大、可生产全品类石化产品的炼化一体化工程。依托 42.4 平方公里的大南海石化工业区和 2 平方公里的惠来临港产业园化工新材料工业区，揭阳引进巨正源、伊斯科等一批产业链下游项目并已开工建设，总投资 371.86 亿元。

海水养殖方面，粤东各地积极建设"海上粮仓"，汕尾、潮州入选全省 7 个现代化海洋牧场先行示范区，且推动种苗培育、深水养殖、精深加工、物流运输等全产业链发展，同时探索"海上风电 + 海洋牧场 + 旅游观光"的"风农旅"融合发展模式。

三、粤西地区海洋经济发展现状

粤西地区各个城市在海洋经济发展方面各有特色。其中，阳江重点发展海上风电产业，海上风电并网装机容量 350 万千瓦，约占全省 43.8%。湛江海洋渔业特色品牌优势突出，形成了集养殖、捕捞、加工于一体的现代海洋渔业产业体系。近年来，湛江全市自主培育水产 118 个种类，拥有水产种苗场 480 家，率先解决对虾种质资源长期依赖进口的"卡脖子"问题。茂名重点发展临港化工产业，致力打造世界级绿色化工和氢能产业基地，全市现有各类石油化工企业 700 多家，其中规模以上工业企业 300 多家，炼油加工能力与乙烯生产能力居全国前列。①

四、本章小结

广东海洋产业形成了一定的集聚效应，其中，珠三角核心区海洋产业门类较粤东、粤西地区而言更为健全，主导产业为海洋旅游业、海洋船舶与工程装备制造业、海洋交通运输业等，海洋装备制造、海洋生物医药等新兴产业也具有良好的发展基础。粤东地区和粤西地区以海上风电、临海工业和海洋渔业等产业为主，发展势头强劲。广东省内海洋产业发展优势互补，具有协同发展的良好基础，未来需进一步优化区域产业分工，加快布局战略性新兴产业，加强关键技术攻关，促进全省海洋产业联动及协同转型升级。

---

① 向海图强看广东｜打造蔚蓝名片，粤西海洋经济齐发力 [EB/OL]. (2023 - 11 - 09) [2024 - 10 - 09]. https://cn.chinadaily.com.cn/a/202311/09/WS654c7ad7a310d5acd876e1c7.html.

第五章　珠三角核心城市海洋经济发展概况

一、广州：综合实力领跑全省

（一）总体概况

在由欧洲权威的船级社和咨询公司联合发布的"全球领先的海洋城市"评价体系排名中，2022年广州位列全球第22名，在国内仅次于上海、香港、北京。2020年，广州市海洋生产总值3 146.1亿元，约占全市GDP的12.6%，稳居全省第一。2023年，广州市海洋生产总值超3 700亿元，占地区生产总值比重超12%，总值位于全国前列。海洋产业结构为以服务业主导的"三二一"产业结构，三次产业占比为0.40：24.4：75.2[①]。广州海洋第二、三产业发展迅速，海洋交通运输业、滨海旅游业、海洋产品批发与零售业、海洋工程装备制造业等传统海洋产业增加值占海洋生产总值比重达60%[②]；新兴产业增速快，具有很大的产业潜力，海洋生物医药、海洋电子信息、海洋新材料等产业GDP贡献值比例不断增加。目前，广州已初步构建起具有竞争力的海洋产业体系，海洋交通运输业、海洋船舶与海

[①] 广州全市现有63个涉海科研机构！张偲院士等海洋大咖建言广州建设海洋创新发展之都！[EB/OL].（2024 – 06 – 21）[2024 – 10 – 09]. https://www.sohu.com/a/787490764_ 726570.

[②] 广州市人民政府办公厅. 广州市海洋经济发展"十四五"规划［EB/OL］.（2022 – 08 – 29）［2024 – 10 – 09］. https://cn.chinadaily.com.cn/a/202311/09/WS654c7ad7a310d5acd876e1c7. html.

洋工程装备业、滨海旅游业等海洋产业开始在南沙区、番禺区、黄埔区形成初步集聚①。此外，广州作为省会城市、国家中心城市，聚集了南方地区海洋科研职能，尖端科技成果丰硕，对珠江口东西两岸及沿海经济带城市具有较强辐射带动作用。

（二）产业发展现状

近年来，广州依托良好的海洋产业基础，着力推动优势海洋产业提质升级，大力发展海洋新兴产业，全市海洋经济稳步增长。

（1）海洋交通运输业发展势头强劲。2016—2020 年，广州港累计完成货物吞吐量约 30.1 亿吨、集装箱吞吐量 1.08 亿标准箱，较"十二五"期间分别增长 25.8% 和 36.7%，货物吞吐量先后超越天津港、新加坡港，集装箱吞吐量先后超越釜山港、香港港。② 2021 年，广州港全港完成货物吞吐量 6.5 亿吨（位列全球第四）、集装箱吞吐量 2 447 万标准箱（位列全球第五）。截至 2022 年 6 月底，广州港海运通达国内主要基本港和 100 多个国家及地区的 400 多个港口。③

（2）海洋船舶与海洋工程装备制造业持续发力。2021 年，广州市高端船舶与海工装备行业增加值约 380 亿元。船舶制造相关产业链的企业约 540 家，其中规上企业 20 家（见表 5－1）。龙头船企广船国际、黄埔文冲的营收约占广州船舶海工装备制造业总营收的七成④。

---

① 走在前列 勇当尖兵 先行示范：广东省第十三次党代会报告在深圳引起热烈反响［N］.深圳特区报，2022－05－23.

② 广州市港务局. 全国第四！广州港 2020 年货物吞吐量 6.36 亿吨.［EB/OL］.（2021－02－25）［2024－07－09］. https://gwj. gz. gov. cn/gkmlpt/content/7/7106/mpost_ 7106120. html#969.

③ 广东省人民政府参事室 广东省人民政府文史研究馆. 联通世界的广州港，究竟在哪？［EB/OL］.（2023－08－01）［2024－07－09］. http://gdcss. gd. gov. cn/hdjl/wdzsk/ws/content/post_ 4228718. html.

④ 广州市规划院. 国之重器，"链"接城海：浅谈广州船舶产业链［EB/OL］.（2023－06－12）［2024－07－09］. https://mp. weixin. qq. com/s/kQRomHYoWWYOms7mygyUKQ.

表 5 - 1   广州船舶制造相关产业链企业情况表

产业链环节	企业类型	数量	规上数量	主要业务
上游	船舶海工原材料	26	0	船舶海工需要的钢材、塑胶、建材
	船舶海工配套	141	3	船舶海工专用设备、通用设备制造
中游	船舶海工制造	115	11	各类船舶的研发、制造
下游	相关技术服务	18	0	工程咨询、项目管理等
	船舶改装检修	242	6	船舶改装、装饰、检测、修理等

资料来源：广州市涉海经济活动单位名录。

（3）滨海旅游业蓄势待发。广州依托丰富的港口文化、海丝文化、海防文化和海洋工业文化资源，推动海洋科普文化游、滨海休闲度假游、邮轮游等融合发展，打造南沙滨海湿地景区、百万葵园主题公园、南沙天后宫等滨海旅游节点，推出一批海洋特色主题旅游线路和产品。2019 年，南沙国际邮轮母港举办开港首航活动，广州已开通往返中国香港、日本、越南、菲律宾等地航线共 9 条。

（4）海洋新兴产业加快培育。广州积极引进一批海洋生物医药科研机构及龙头企业，海洋生物医药业 2020 年增加值超 50 亿元；加快布局海洋电子信息产业和海洋高端装备产业，支持中海达和南方卫星导航两家涉海企业入围广州首批 38 家创新能力强、行业地位高的"隐形冠军"企业榜单，支持多家广州涉海企业通过评审获得"广州市科技创新小巨人"称号；大力推动天然气水合物产业化进程，争取天然气水合物钻采船（大洋钻探船）落户广州建造。[1]

（三）未来发展设想

广州海域面积狭小，仅有约 400 平方公里，人工岸线占比较高，近岸海域生态容量有限，可供开发利用的岸线资源（尤其是深水岸线）短缺，亟待进一步向深远海拓展发展空间[2]。未来广州需要依托在综合交通、科技、商贸等方面的综合优

[1]   广州市规划和自然资源局. 广州海洋经济重磅前瞻［EB/OL］.（2022 - 06 - 09）［2024 - 07 - 09］. https://mp. weixin. qq. com/s/XYMappD3csQnrz17WRx7rw.

[2]   广州市人民政府办公厅. 广州市海洋经济发展"十四五"规划［EB/OL］.（2022 - 08 - 29）［2024 - 10 - 09］. https://cn. chinadaily. com. cn/a/202311/09/WS654c7ad7a310d5acd876e1c7. html.

势，强化陆地产业与海洋产业统筹发展，推动传统海洋产业转型升级，加快布局海洋新兴产业，优化现代化海洋产业体系，培育一批特色化海洋产业园区，引导海洋产业集群化、高质量发展。《广州市海洋经济发展"十四五"规划》提出，构建"一带双核多集群"海洋经济发展新格局。其中，"一带"是指以珠江水系为脉，打造"产学研城"一体化江海联动海洋经济创新发展带；"双核"是打造以南沙区为核心的海洋科技创新核心区，以海珠区、黄埔区为中心的海洋综合管理和公共服务集聚区，双核引领形成海洋科技创新和高端服务高地；"多集群"是指培育海洋战略性新兴产业，重点打造一批特色化海洋产业集群。

二、深圳：瞄准海洋科技领先

（一）总体概况

2020年，深圳海洋生产总值2 596.4亿元。2021年全市海洋生产总值3 011亿元，比2020年增长了16%，大大超过了其他地区生产总值的增速。[①] 其中，海洋交通运输业、滨海旅游业、海洋油气业、海洋渔业等海洋传统产业占海洋产业比重超过50%，但呈现逐渐下降的趋势。此外，海洋新兴产业增长加快，已占全市海洋生产总值的40%。海洋科技创新基础较好，各类涉海创新载体超过60个，海洋新城、蛇口国际海洋城、坝光国际生物谷、深汕海洋智慧港等重点片区加快建设[②]，为深圳实现"海洋科技领先"的目标提供了空间载体。

（二）产业发展现状

深圳海洋产业主要包括海洋交通运输业、滨海旅游业、海洋能源与矿产业、海洋渔业、海洋工程和装备业、海洋电子信息业、海洋生物医药业、海洋现代服务业八大领域。其中，海洋交通运输业、滨海旅游业、海洋油气业等海洋传统产业尚为支柱力量，不过新兴产业发展迅猛，整体呈现"老三样"向下、新兴产业

---

① 深圳新闻网. 深圳，奔"海"［EB/OL］.（2023 – 06 – 16）［2024 – 07 – 09］. https://www.sznews.com/news/content/mb/2023 – 06/16/content_ 30279927. htm.

② 走在前列 勇当尖兵 先行示范：广东省第十三次党代会报告在深圳引起热烈反响［N］. 深圳特区报，2022 – 05 – 23.

向上的趋势。①

其中，海洋交通运输业依然是海洋经济支柱。2022 年，深圳市海洋交通运输业增加值 770 亿元，占全市海洋生产总值的四分之一。当前，深圳国际航运枢纽地位愈加巩固，港口扩能及智慧化、绿色化升级不断推进，盐田港区 5G 专用智慧码头加快建设，妈湾 5G 绿色智慧港口正式开港。2021 年深圳港集装箱吞吐量达 2 877 万标准箱，稳居全球第四位，进出口贸易相当发达。

滨海旅游业发展不断加快。深圳积极打造海洋体育"一中心三基地"，成功入围全球十大旅游城市。海洋博物馆被列入"新时代十大文化设施"规划建设，积极稳步推进宝安区滨海文化公园、小梅沙、大鹏所城、海上田园城等重大旅游基础设施项目升级改造②。

海洋渔业优化升级。2022 年，深圳渔业产量 8.27 万吨，其中远洋渔业产量 3.24 万吨。渔业第一产业产值 25.9 亿元，预计带动渔业全产业链产值 500 亿元。2023 年 5 月，深圳国际金枪鱼交易中心揭牌，正式开通运营线上交易系统③。

海洋新兴产业加速发展。深圳海洋产业总体上由传统油气海工向海洋战略性新兴产业转型，海斯比（复合材料造船技术）、朗诚科技（海洋立体监测观测）等企业入选国家专精特新"小巨人"企业名单，华大海洋研制的海洋护肤品和海洋保健品成功上市。海洋现代服务业支撑能力增强，国际海洋开发银行进入加快筹备阶段，深圳首家海洋资源交易机构、深圳绿色航运基金进入实质化运营阶段④。

（三） 未来发展设想

《深圳市海洋经济发展"十四五"规划》提出，到 2025 年，深圳全市海洋生产总值达 4 000 亿元，占全市 GDP 约 10%。从产业布局来看，《深圳市培育发展海洋产业集群行动计划（2022—2025 年）》指出，深圳将以西部海岸—东部海岸—深汕特别合作区为主轴，以宝安区、前海合作区、南山区、福田区、盐田区、大鹏新区、深汕特别合作区等为主要承载区，合理布局涉海重点产业、重点项目、重

---

① 欧雪."渔村"重归大海 深圳走向"深蓝"｜产业高质量发展"深调研"［EB/OL］.（2023 – 02 – 11）［2024 – 07 – 09］. https://mp. weixin. qq. com/s/DYt20yKMpQT3UKzGusGVxg.

② 范宏韬. 深圳海洋旅游发出"蓝色邀约"［N］. 深圳商报，2023 – 05 – 11.

③ 如何向海图强？市政协委员提出建议：加强区域合作 高新技术下海 ［EB/OL］.（2023 – 08 – 07）［2024 – 07 – 09］. https://mp. weixin. qq. com/s/naDhigzfTeRF5RRY – h0EIA.

④ 李舒瑜. 深圳"蓝色经济"发展驶入快车道［N］. 深圳特区报，2023 – 08 – 06.

点平台，打造"一轴贯通、多区联动"的海洋产业空间发展格局（见表5-2）。

表5-2 深圳海洋产业空间布局

产业承载区	发展重点
宝安区	重点发展滨海旅游业、海洋能源与矿产业、海洋工程和装备业、海洋电子信息业等，兼顾总部研发和部分生产制造功能
前海合作区	重点发展海洋工程和装备业、海洋电子信息业、海洋能源与矿产业、海洋现代服务业等，以总部研发和高端服务为主
南山区	重点发展海洋交通运输业、滨海旅游业、海洋能源与矿产业、海洋工程和装备业、海洋电子信息业、海洋生物医药业等，以总部研发为主
福田区	重点发展海洋现代服务业，积极培育海洋生物医药业等海洋新兴产业
盐田区	重点发展海洋交通运输业、海洋生物医药业、滨海旅游业、海洋现代服务业等，兼顾总部研发和部分生产制造
大鹏新区	重点发展海洋渔业、海洋生物医药业、滨海旅游业等，发挥国家深海科考中心、海洋大学等重大创新平台优势，适当发展海洋工程和装备业、海洋能源与矿产业等，兼顾总部研发和部分生产制造功能
深汕特别合作区	重点发展海洋交通运输业、滨海旅游业、海洋渔业、海洋工程和装备业、海洋能源与矿产业等，以生产制造为主，兼顾部分研发功能

资料来源：《深圳市培育发展海洋产业集群行动计划（2022—2025年）》。

第六章　珠三角其他城市海洋经济发展概况

一、珠海：以优质海洋资源激发城市发展新动能

（一）　总体概况

珠海是珠三角海洋资源最为丰富的城市之一，拥有广阔的海域面积和绵延600余公里的海岸线，岛屿数目全省第一，拥有"百岛之市"的美誉。多年来，珠海以优越的区位优势、得天独厚的海洋资源，持续推进珠海海洋经济高质量发展。2022年珠海市海洋生产总值988.4亿元，同比增长4.67%[①]。在不断推进的海洋开发战略中，珠海正以优质丰富的海洋资源，不断激发城市发展的新动能。

（二）　产业发展现状

目前，全市规模以上海洋企业超过500家，初步建立起以海洋旅游业、海洋交通运输业、海洋油气业、海洋工程装备制造业为支柱的现代海洋产业体系[②]。

在滨海旅游业方面，珠海正快速向高端升级，已形成休闲度假、主题公园、温泉养生、海岛运动、商务会展等海洋特色明显的旅游产品体系。以海洋、海岛、海湾为核心，现已建成特色景区（景点）40多处。推动文化旅游融合发展，打造

---

①　科学编制国土空间规划 深入推进生态文明建设：珠海创新激活蓝色发展新动能 ［EB/OL］.（2023 - 08 - 02）［2024 - 07 - 09］. https：//mp. weixin. qq. com/s/bt3c7VrnTD2e_ UrixouHQ.

②　陈秀岑. 打造海洋经济新增长极 ［N］. 珠海特区报，2023 - 12 - 27.

海洋海岛、工业旅游、红色旅游、乡村旅游等一批特色旅游产品。首个"公益 + 旅游"开发模式的三角岛项目试运营。

在海洋交通运输业方面，珠海港是我国沿海主要港口和大宗能源原材料集散中枢，在国家综合运输体系中具有不可或缺的重要位置[①]。珠海港以煤炭、矿石、油气等大宗散货和集装箱运输为主，2021 年底的数据显示，全港共有泊位 172 个，其中生产性泊位 165 个，万吨级以上泊位 34 个。港口吞吐能力 1.78 亿万吨，集装箱吞吐能力 378 万标准箱。[②]

在海洋油气业方面，高栏港石油化工产业基地已成为广东六大石化产业基地之一，已建成高栏港接收终端和珠海横琴终端两个天然气终端。目前，珠海已成为华南地区主要的油、气和液体化工品的集散中心。

在海洋工程装备业方面，珠海拥有国家新型工业化示范基地、深海海洋工程装备产业知名品牌示范区。[③] 依托中海福陆重工、三一海工等龙头企业，不断构建研发、制造、配套产业链，初步形成了上下游配套齐全、技术先进的海洋工程配套产业集群。

（三） 未来发展设想

《珠海市海洋经济发展"十四五"规划》指出，按照海陆统筹、集群发展、深度合作的总体思路，高质量打造"一带双核三组团"，重点建设一批高质量海洋经济发展示范区和特色化海洋产业集群。深度参与珠穗深、珠港澳和珠中江阳三大海洋圈合作，构建高质量开放型现代海洋城市新格局。

二、佛山：加快优势产业向海洋领域延伸

（一） 总体概况

佛山市不是沿海城市，缺乏海洋空间资源，但产业体系较为健全，是全国

---

① 陈新年，陈秀岑. 西江"多式联运"通道如何共建？［N］. 珠海特区报，2023 - 09 - 21.

② 珠海市统计局 国家统计局珠海调查队. 2021 年珠海市国民经济和社会发展统计公报［EB/OL］. （2022 - 04 - 08）［2024 - 07 - 09］. https://www.zhuhai.gov.cn/attachment/0/300/300099/3132858.pdf.

③ 康振华. 高栏港区：力争全年工业产值超千亿［N］. 珠海特区报，2017 - 08 - 02.

"制造业大市"。近年来,佛山市加快优势产业向海延伸,在海洋经济领域培育经济新增长点,诸如海洋工程装备、海洋船舶、海洋药物和生物制品等海洋及海洋相关产业分布甚广。

具体而言,在海洋工程装备方面,佛山企业广东精铟海洋工程股份有限公司(简称精铟海工)保持行业领先。其凭着核心产品"自升式海洋工程平台升降锁紧系统",获评工信部第二批制造业单项冠军示范企业。精铟海工首创的国产海工升降、锁紧、滑移系统"三件套",稳站国内市场占有率,技术达到国内外领先水平。在海洋船舶方面,佛山市船舶大型化、年轻化趋势明显。新增加 2 000 载重吨以上船舶 141 艘,其中 32 艘为沿海航线船舶,国内沿海船舶运力占总运力的比例不断上升,船舶平均吨位由 2020 年的 1 800 吨上升到 2022 年的 2 850 吨,平均运距从 197 公里增加到 283 公里,为水运"稳增长"提供充足动能①。此外,在海洋药物和生物制品方面,佛山具有一定的产业发展基础,有代表性企业—安安美容保健品有限公司。

(二) 未来发展设想

在省域层面,《广东省海洋经济发展"十四五"规划》指出,佛山要加速推进佛山三龙湾高端创新集聚区建设,加快优势产业向海洋领域延伸,重点发展智能制造装备、新能源与节能环保装备。在市域层面,《佛山市国民经济和社会发展第十四个五年规划和 2035 年远景目标纲要》指出,发挥佛山产业优势,加强与汕头、湛江两个省域副中心城市开展海洋经济合作,加快发展海洋工程装备、海洋生物医药等战略性新兴产业。

三、中山:建设海洋新能源装备研发制造基地

(一) 总体概况

中山拥有海岸线 57 公里,海域面积 159.63 平方公里,海岛 4 个,是珠江口西岸都市圈内一座重要的海滨城市。由于缺乏深水港,中山的海洋属性一直有所限

---

① 万吨级海船扬帆起航,佛山航运加快转型升级! [EB/OL]. (2022 – 06 – 07) [2024 – 07 – 09]. https://mp.weixin.qq.com/s/tPR3UVz3wRdV38Mtr7Ak4w.

制，这导致其海洋经济总量偏小。2022 年全市实现海洋生产总值 315.7 亿元，比 2021 年增长 1.7%[①]。

（二） 产业发展现状

中山积极营造适应海洋经济发展的政策环境，推进产业结构的战略化调整，目前已经形成船舶与海洋工程装备制造业、滨海旅游业、海洋交通运输业等海洋经济支柱产业。

其中，海洋工程装备业和船舶制造业发展较好，已形成一定规模的聚集区。通过国家火炬计划（中山）临海装备制造业基地，中山逐渐形成了三用工作船、多用途海洋支持船、海洋工程拖船等产业集群，涌现出广新海事重工、中泽重工、明阳风电等一批拥有自主知识产权的创新型海洋工程装备企业，人才和项目加速集聚，创新机制和产业链配套体系日臻完善。

海洋交通运输业竞争力有待提升。2021 年中山市海洋交通运输业实现增加值 18.57 亿元，同比增长 40.8%，但港口集装箱吞吐量 137 万标准箱，同比下降 1.3%[②]。

滨海旅游业未来可期。作为广东滨海（海岛）旅游联盟成员，中山市充分发挥生态文化资源优势，推动滨海旅游业持续发展。翠亨新区正建设翠亨国家湿地公园、崖口湿地公园，加强滨海地区休闲旅游功能、生态保育功能以及文化科普功能，建设世界级滨海景观长廊[③]。

（三） 未来发展设想

《广东省海洋经济发展"十四五"规划》指出，中山要推动建设海洋新能源装备研发制造基地，支持神湾镇打造高端海洋工程装备制造基地、智能海洋工程装备研发中心及海洋精密制造、新能源、新材料研发制造基地。中山市积极参与海洋经济高质量发展示范区的创建，中山市"十四五"规划中滨海城市的特色逐渐凸显。

---

① 喜讯！中山市自然资源局获评广东省海洋强省建设表现突出单位 [EB/OL]. (2023 – 06 – 07)[2024 – 07 – 09]. https://mp.weixin.qq.com/s/bk8cZ0WWx77FJqbWgkJ9Eg.
② 点案：加快推进中山海滨城市建设，打造黄金海岸 [N]. 南方都市报，2023 – 02 – 07.
③ 何腾江. 重点布局一批粤港澳合作项目打造中山最美"城市窗口" [N]. 中山日报，2023 – 07 – 11.

四、惠州：推进港产城深度融合发展

（一）总体概况

惠州市海岸线长度281.4公里（省内第五），海域面积452平方公里（省内第六），大小岛屿162个（广东省第四），海洋资源位居全省前列[①]。各类海湾28处，大部分港湾水深条件优越，适宜建设优良港口。2022年，惠州市海洋生产总值1140亿元，占全市GDP的21%，海洋经济不断提质，已经成为惠州市经济发展的重要组成部分。

（二）产业发展现状

目前，惠州已经形成以大亚湾临海石化为龙头，以海洋交通运输、海洋渔业、滨海旅游、绿色清洁能源业为重点的全方位发展格局[①]。

其中，大亚湾石化区是珠三角东岸地区唯一的石油化工基地。凭借石化区产业集群引领作用，大亚湾开发区2018年获评国家新型工业化产业示范基地，2020年获评国家新型工业化产业五星级示范基地。大亚湾石化区实现炼油2200万吨/年、乙烯220万吨/年的生产能力，在全国范围内处于领先地位[②]。

惠州大力推进港口基础设施建设，推动海洋交通运输业发展，沿海形成了荃湾港区、东马港区、惠东港区三大港区，拥有生产性码头泊位54个，其中万吨级以上深水泊位31个，总吞吐能力超过1亿吨。2020年，惠州港完成吞吐量9636.44万吨，增长12.67%[③]。

滨海旅游是惠州市现代海洋产业体系的重要组成部分。目前，惠州初步形成了巽寮湾、双月湾、范和湾、考洲洋四大滨海旅游景区，有序推动双月湾风景名

① 邱若蓉，黄凯雯.陆海统筹立体开发 推动海洋经济一盘棋发展［N］.惠州日报，2021-06-08.
② 刘兴红.惠州大亚湾石化区空气质量提升对策研究［J］.皮革制作与环保科技，2023，4（20）：72-74.
③ 惠州市海洋经济发展现状及对策分析［EB/OL］.（2022-10-24）［2024-07-09］.https://mp.weixin.qq.com/s/rHoebqU_ELTc28AeoACPUA.

胜区、黑排角地质公园、好招楼湿地公园建设，金融街、星河智乐谷、九铭屿海等滨海旅游项目，打造"百里滨海旅游长廊"，促进滨海地区旅游产业进一步发挥集聚效应①。

与此同时，惠州依托其丰富的海洋渔业资源，大力发展现代海洋渔业。2022年全市水产品总产量21.01万吨，总产值57.37亿元。惠州充分发挥渔港经济区桥头堡功能，努力构建养殖、育种、加工贸易、冷链仓储、集散流通、物资保障、渔旅融合等现代化海洋牧场全链条。目前已形成了185口深海网箱养殖、1万口传统网箱养殖、1万亩牡蛎养殖、5千亩高位池养殖等产业基地②。

此外，惠州正致力于打造大湾区清洁能源中心和大湾区能源科技创新中心，将统筹推进清洁能源如风电、光伏、水电等产业快速发展，加快布局海上风电、LNG电厂、抽水蓄能、热电联产等重大项目③。

（三）未来发展设想

发展海洋经济、推动"港产城"融合已成为惠州打造经济发展新增长极的重要战略。根据《广东省海洋经济发展"十四五"规划》，惠州未来的发展要求为：以大亚湾、惠东为重点，集聚石化能源、新材料和高端电子信息产业，推进港产城深度融合发展，打造珠江东岸新增长极。《惠州市海洋经济发展"十四五"规划》指出，惠州十四五时期的具体目标为：到2025年，惠州海洋经济空间布局逐步优化，全市共建海洋经济格局彰显；海洋经济规模稳步扩大，战略性新兴产业占比明显提高；创新驱动战略有效实施，初步建成珠江东岸重要海洋科技创新节点；海洋生态环境明显改善，海洋治理体系和治理能力现代化水平显著提升；海洋经济开放合作不断深化，开放型特征不断增强。

---

① 谭琳. 探索融合新路径做强文旅大产业［N］. 惠州日报，2022 - 11 - 18.
② 耕海牧渔 惠州加快推进海上牧场建设［EB/OL］.（2023 - 04 - 18）［2024 - 07 - 09］. https://mp. weixin. qq. com/s/V4wvqPG5RH0SDEEnn - Zo6g.
③ 谢宝树，李向英. 聚力实体经济加速迈向新型工业强市［N］. 惠州日报，2022 - 01 - 10.

五、东莞：推动海洋电子信息和智能制造成为发展新引擎

（一）总体概况

地处珠江口东北岸的东莞，全市海岸带面积562.7平方公里，包括滨海湾新区、长安、虎门、沙田、麻涌、洪梅、道滘沿海7镇（园区）。海域主要分布在狮子洋和伶仃洋，总面积78.6平方公里；有5个海岛，面积23.96平方公里。2022年，全市实现海洋生产总值874.2亿元，同比增长3.2%，占全市GDP7.8%；2020年、2021年单位岸线海洋经济产出分别为7.6亿/公里、7.8亿/公里，连续两年位居全省第三，"海"味越来越浓。

（二）产业发展现状

当前，东莞海洋交通运输业、临港工业、滨海旅游业等海洋主导产业优势明显。

依托优越的区位优势，以东莞港为龙头的海洋交通运输业保持较快增长。截至2019年，全市共建成码头97座，生产性泊位165个，其中万吨级及以上泊位33个。2019年，东莞港完成货物吞吐量1.98亿吨，同比增长20.65%，位列全省第4位，集装箱吞吐量完成404.77万标准箱，同比增长13.71%[①]。

经过多年发展，东莞已经形成麻涌临港产业片区、沙田临港现代产业集聚区、虎门港综合保税区等临港产业集群。2019年年底，京东物流亚洲规模最大的一体化智能物流中心——东莞亚洲一号在麻涌镇全面启用。作为华南最重要的大型物流枢纽中心之一，其物流和供应链管理服务辐射省内多个城市。

此外，东莞正结合海岸带的资源情况积极挖掘滨海旅游新业态、新路线。近年来，东莞挖掘打造了麻涌华阳湖国家湿地公园、沙田穗丰年湿地公园等海岸带生态旅游品牌，又以国际视界引入国际知名设计团队在滨海湾新区规划设计40公里滨海景观活力长廊，滨海公园游玩、马拉松、海上观光等现代化滨海旅游形态未来可期。

---

① 谭芬.粤港澳大湾区背景下东莞海洋产业发展困境与策略思考［J］.时代经贸，2021，18（4）：65–67.

（三） 未来发展设想

滨海湾新区是东莞参与海洋经济建设的主阵地，重点发展海洋电子信息和智能制造产业。按照《东莞滨海湾新区国民经济和社会发展第十四个五年规划和 2035 年远景目标纲要》，滨海湾还将与前海探索共建深圳大空港—东莞滨海湾新区新经济组团，发挥临空向海的区位优势，主动对接深圳大空港高端服务转移和政策辐射，重点推动新一代信息技术、人工智能、海洋经济、生命健康等前沿产业错位发展，更好地承接深圳发展红利和"溢出效应"。同时，滨海湾将加强与沙田海洋交通运输业、滨海精细化工、海洋先进装备制造业等产业合作，共同构建现代海洋产业体系，推进片区产业优势互补。

六、江门：两区带动海洋产业集聚发展

（一） 总体概况

江门海洋资源丰富，大陆海岸线长 420 公里，约占全省的 1/10；海岛岸线长约 400 公里，约占全省的 1/6；共有海岛 561 个，数量位居全省第二；广海湾、银洲湖和川岛等海域自然条件得天独厚，建港条件优良，黄茅海是西江黄金水道的出海通道，海洋经济发展潜力巨大。

江门是海洋大市，有优越的自然地理区位优势，海域面积 4 880.47 平方公里，海岸线绵长，海岛数量众多，孕育了丰富的海洋生物多样性，这为其海洋经济发展奠定了良好的基础。2020 年，江门海洋生产总值 491.18 亿元，约占全市地区生产总值比重的 16%。海洋产业布局不断优化，大广海湾经济区成为国家重大合作发展平台，银湖湾滨海新区建设加速推进，有力推进了区域协调发展。

（二） 产业发展现状

当前，江门基本形成了以滨海旅游业、海洋渔业、海洋化工、海洋工程装备、海洋船舶等构成的海洋产业体系。

首先，江门拥有台山川岛、新会银湖湾等丰富的海滨旅游资源，滨海旅游产业空间不断拓展，发展前景广阔。其中，上川飞沙滩和下川王府洲是国家 AAAA

级旅游景区，其他主要旅游景点包括上川金沙滩、上川岛猕猴省级自然保护区、下川七星伴月、下川獭湾等。

其次，依托北回归线以南、温暖的南亚热带季风气候、丰富的海洋渔业资源，高达 100 多种经济鱼、虾、蟹、贝类在江门海域繁衍生息，为其发展海洋渔业奠定了良好的基础。2022 年，江门全市海水养殖面积达 18 817 公顷，位列全省第三；年产量 24.41 万吨，位列全省第六。江门水产品总产量居全省第二位，渔业经济总产值 251.71 亿元，较上年增长 9.1%[①]。

最后，数据显示，江门拥有规上船舶企业 15 家，主要集中在中游的船舶制造、海工装备制造以及下游的船舶拆解回收、修船领域，龙头企业包括南洋船舶、航通公司、海星游艇等。2022 年，江门船舶与海工装备产业链累计完成工业总产值 30.56 亿元，累计增速 82%[②]，江门已是名副其实的广东造船业发展重要基地。

（三） 未来发展设想

《广东省海洋经济发展"十四五"规划》提出，江门要以银湖湾滨海新区和广海湾经济开发区为重点建设海工装备测试基地和特色海洋旅游目的地，打造珠江西岸新增长极和沿海经济带上的江海门户。其中，银湖湾滨海新区海洋产业基础较好，可引领全市海洋经济发展实现新跨越，海洋强市建设取得突破；广海湾经济开发区具有大规模可连片开发的土地优势，重点发展海洋工程装备制造、清洁能源、生物医药、现代物流等产业，打造先进制造业集聚区。随着"海上新广东"建设的推进，银湖湾高端海洋产业集聚区和广海湾先进制造业集聚区未来将成为江门"蓝色崛起"的新引擎。

七、肇庆：产业协同助推海洋经济发展

肇庆具有广阔的陆域空间和优越的生态环境，但缺乏海洋空间资源，海洋产业基础薄弱。目前肇庆市海洋经济发展主要聚焦在两方面：一是推动原有产业向海延伸，以广东金田铜业高端铜基新材料项目、肇庆市高要金利五金智造小镇（五金升级示范区）项目等为龙头，加快推动金属加工产业向精密装备、机器人、

[①] 毕松杰. 江门：助力端稳中国饭碗 ［N］. 江门日报，2023 – 04 – 25.
[②] 皇智尧. "江门造"海工重器驶向"世界级"［N］. 江门日报，2023 – 08 – 26.

海洋工程及风电、轨道交通、航空及卫星应用等高端领域转型升级，着力打造具有重要影响力的铜材料研发制造加工基地；二是加强与周边地区（如广州、佛山等市）合作，承接先进装备制造生产环节及部分关键零部件研发制造环节，以船舶与海洋工程装备、通用航空装备、生产服务业等为重点，吸引相关领域企业来肇设立零部件生产制造及维修检测基地。

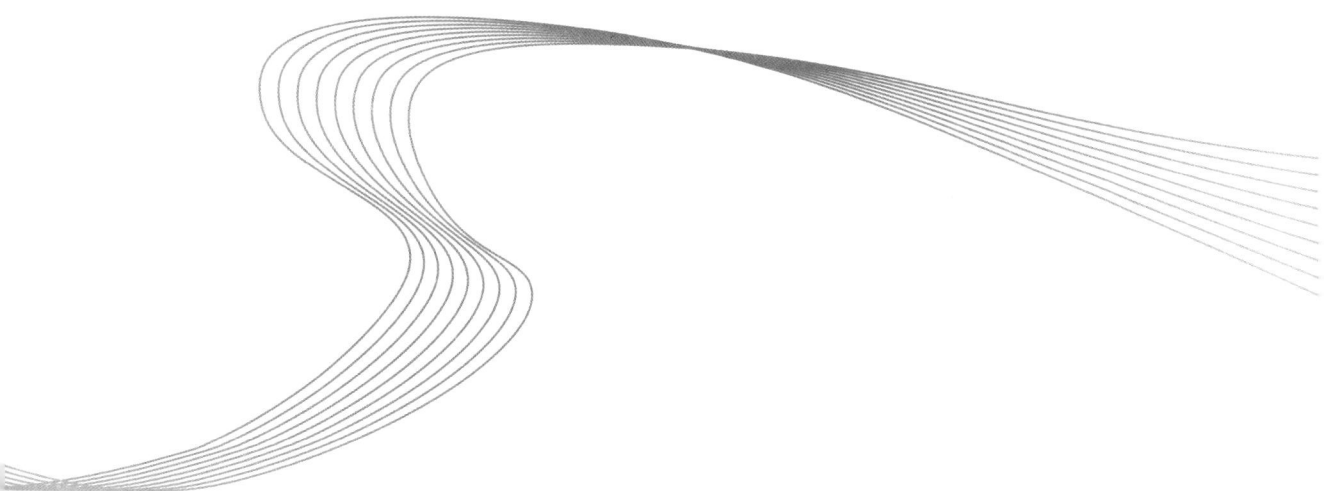

案例实践篇
Case Practice

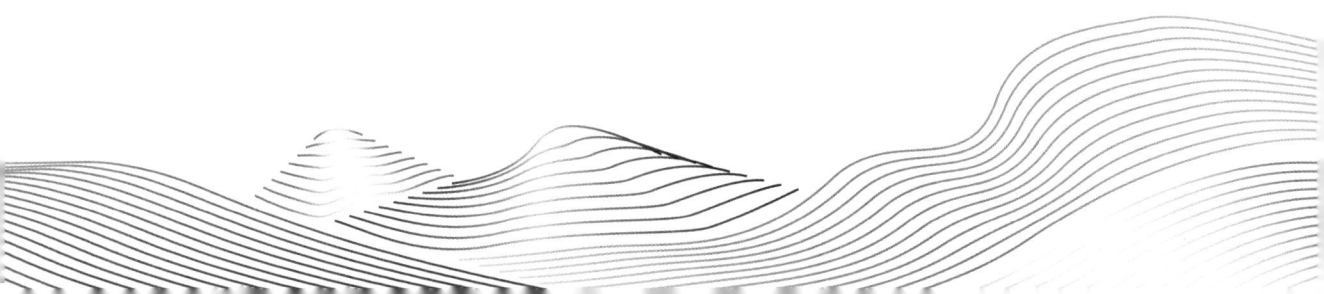

第七章 国内外区域层面海洋经济发展经验

一、山东：战略领海、科技兴海，奏响"经略海洋"蓝色乐章

（一）山东海洋经济发展概况

山东濒临渤海和黄海，海洋资源得天独厚：海岸线长达 3 345 公里，占全国海岸线的 1/6；海域面积 15.96 万平方公里，与陆域面积相当；全省共有海岛 456 个，总面积 111.22 平方公里；海湾密度大，优良海湾众多，1 平方公里以上的海湾 49 个，海湾面积共计 8 139 平方公里；潮间带滩涂总面积 4 395 平方公里，负 20 米浅海面积 29 731 平方公里；海洋生物资源丰富多样，近海栖息和洄游的鱼虾类达 260 多种，鱼类资源有 79 种，中国对虾、扇贝、皱纹盘鲍、刺参等海珍品产量居全国首位；地下卤水资源丰富，为山东盐业、盐化工业的发展提供了有利条件。

山东靠海吃海，大力发展海洋经济，是我国著名的海洋经济强省，海洋生产总值位列全国第二，仅次于广东，享有"南看广东，北看山东"的美誉。根据《中国海洋经济统计年鉴》统计数据（见图 7 - 1），2013—2018 年，山东海洋生产总值从 9 696.2 亿元增长至 15 502.1 亿元，增长幅度达 59.9%，年均增长率接近 10%。2019 年和 2020 年受疫情影响，海洋生产总值有所降低。2021 年恢复增长，与 2020 年相比，全省海洋生产总值增速超 13%，达 1.49 万亿元，接近疫情前的发展水平。2022 年更是稳中向好，海洋生产总值首次突破 1.6 万亿元关口，海洋渔业、海洋水产品加工业、海洋矿业、海洋盐业、海洋化工业、海洋电力业、海洋

交通运输业七个海洋产业增加值位居全国第一，基本形成海洋旅游业、海洋交通运输业、海洋化工业、海洋渔业四大海洋支柱产业，海洋经济发展态势欣欣向荣。

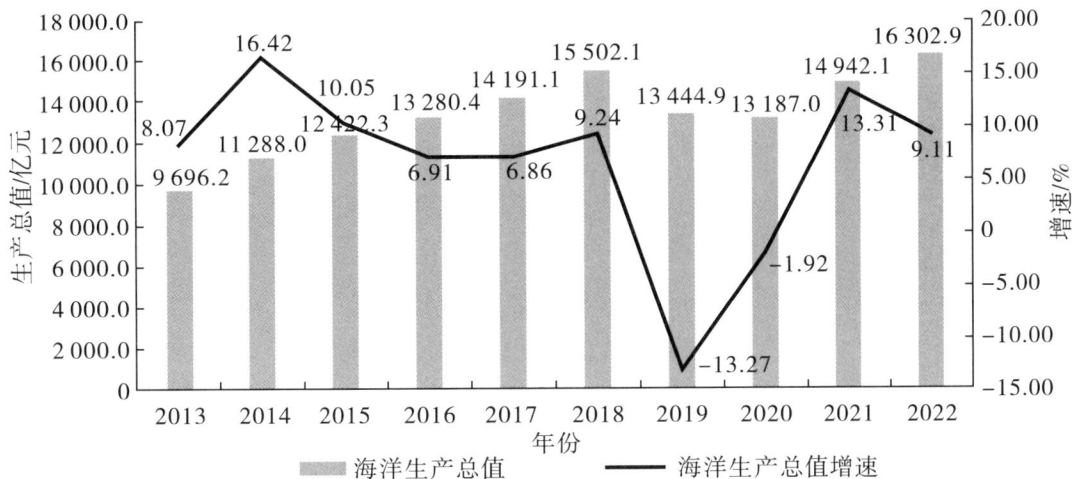

图 7 - 1　山东海洋生产总值增长情况

数据来源：历年《中国海洋经济统计年鉴》。

山东省也是我国海洋科技大省。一方面，海洋调查走在前列。我国 6 次规模较大的海洋调查计划均从山东发起，为海洋强国建设奠定了至关重要的基础[①]。另一方面，海洋科技实力强大。"十三五"以来，山东承担了全国近一半的重大海洋科技工程，例如全球钻井深度最深的海上钻井平台"蓝鲸系列"、全球首座 10 万吨级超深水半潜式生产储油平台"深海一号"、我国首个具有自主知识产权的深远海科考装备"蛟龙号""科学号"等。《国家海洋创新指数报告 2021》[②] 显示，山东海洋创新指数稳居国内第一梯队。

在四十余年的海洋经济发展过程中，山东坚持以战略为引领，以科技为支撑，持续做好"港口、产业、生态"三篇文章，实现了从简单的"靠海吃海"到全方位"经略海洋"的根本性变化，不断推进海洋经济高质量发展。

———————————

① 我国 6 次规模较大的海洋调查分别为 1958—1960 年的全国海洋大普查、20 世纪 70 年代至 80 年代的大陆架调查、1980—1986 年的海岸带大调查、1988—1995 年的海岛调查、1980 年至今的大洋调查、1984 年至今的极地调查。

② 《国家海洋创新指数报告 2021》由自然资源部第一海洋研究所、国家海洋信息中心、中国科学院兰州文献情报中心、青岛海洋科学与技术试点国家实验室联合编制。

（二） 山东海洋经济发展经验

1. 坚持战略领海，不断加强战略引领和政策保障

山东高度重视战略对海洋经济发展的引领作用，稳步提升海洋经济战略地位。早在 1984 年，山东就依据省情提出了"陆海并重、东西部结合"，大力发展海洋经济的指导方针；1991 年，又率先提出"陆上一个山东，海上一个山东"的战略构想，在省内外引起强烈反响；1998 年 9 月，召开"海上山东"建设工作会议，全面启动"海上山东"建设，并确定了海洋农牧化、海上大通道、涉海工业、滨海旅游四大工程；2007 年，召开全省海洋经济工作会议，提出建设海洋经济强省的发展目标，打造山东半岛蓝色经济区；2011 年，国务院批复《山东半岛蓝色经济区发展规划》，该规划成为国家首个以海洋经济为主体的区域经济发展战略，这也标志着山东半岛蓝色经济区从地方战略正式上升为国家发展战略，确立了海洋经济在山东的至高地位[①]。

山东半岛蓝色经济区上升为国家战略后，山东又相继出台《中共山东省委山东省人民政府关于贯彻落实〈山东半岛蓝色经济区发展规划〉的实施意见》《山东省人民政府关于金融支持山东半岛蓝色经济区发展的意见》等十余个配套文件，在金融、税收等方面为海洋经济发展提供政策保障。对海洋产业高新技术企业，按照 15% 税率征收企业所得税，城镇土地使用税适用税额按 50% 进行减免，对捕捞、养殖渔船免征车船税等。并设立了我国第一支专注于海洋经济发展的产业投资基金——蓝色经济区产业投资基金，通过设立子基金、开展固定收益类产品投资以及对未上市企业进行股权投资等方式，扶持涉海企业发展。

2. 坚持科技兴海，促进科技与产业深度融合

山东始终坚持"发展海洋科技、引领地方经济社会发展"的战略主线，在全国率先提出"科技兴海"战略，不断构建完善的海洋科技创新体系。首先，建立了青岛海洋科学与技术国家实验室、海洋科学综合考察船等一批"国"字号科研基地和大科学装置，推进了中国科学院海洋大科学研究中心、中国科学院海洋研究所等重大科研平台的建设，建成了海洋能源转化与开发等 124 个海洋工程技术协同创新中心、中鲁远洋等 9 个现代海洋产业技术创新中心，培育了 482 家涉海高新

---

① 张舒平. 山东海洋经济发展四十年：成就、经验、问题与对策 [J]. 山东社会科学，2020（7）：153－157.

技术企业，形成"'国'字引领，平台支撑，科研院所与企业协同创新"的海洋科技创新体系。

其次，持续优化海洋科技人才队伍建设。出台《"泰山学者"蓝色产业领军人才团队支撑计划》，面向省外海外引进国际一流的领军人才团队，给予每个团队500 万～800 万元经费资助，给予每个项目 1 000 万～3 000 万元经费资助，先后引进领军人才团队 34 个。2022 年，启动部省共建中国海洋国际人才港建设，鼓励海洋人才进行创新创业。目前，山东拥有一支全国规模最大、整体实力最强的海洋科技人才队伍：全职住鲁海洋界院士 20 人，占全国 33%，全国排名第一；在山东入选的海洋领域国家"杰青"达 43 名，数量在全国名列前茅[①]。

最后，山东也格外注重科技与产业的融合发展，以产业发展为导向，以加速海洋科技成果向生产领域转化为突破口，探索了多种海洋科技成果转化模式。山东典型的海洋科技转化模式主要包括科研院所主导的直接转移模式、企业主导的产学研合作模式和平台型转移模式，分别以研发主体、应用主体、平台媒介为核心，搭建成果转移全链条服务体系（见表 7 - 1）。

表 7 - 1　山东海洋科技成果转化模式

海洋科技成果转化模式		转化方式	代表性案例
科研院所主导的直接转移模式		科研院所通过设立院士专家工作站、建设产学研合作基地、成立专家组等方式与企业建立联系，其科研成果通过科技咨询、技术服务、技术培训、成果转让、作价入股等方式直接在企业实现转化	山东海洋生物研究院与几十家海水养殖龙头企业签订技术合作协议，进行成果转化
企业主导的产学研合作模式	共建研发平台模式	企业与高校、科研院所共建实验室、工程研究中心或研究院等研发平台	淄博华舜耐腐蚀真空泵有限公司与山东大学共建海洋耐腐蚀材料联合实验室及高端海洋装备产学研合作基地
	海洋产业技术联盟服务模式	企业与高校、科研院所、用户共同组建产学研用战略联盟	山东好当家集团有限公司牵头组建海参产业技术创新战略联盟

————————

① 山东省海洋局. 大众日报：这些"第一"都在"海上山东"［EB/OL］.（2023 - 04 - 23）［2024 - 07 - 09］. http://hyj. shandong. gov. cn/xwzx/mtjj/202304/t20230424_ 4299710. html.

（续上表）

海洋科技成果转化模式		转化方式	代表性案例
平台型转移模式	海洋科技技术交易平台模式	汇聚海洋科技成果，实现科技政策咨询、技术合同登记、技术展示交易、成果转化等全链条技术转移服务	科技部与青岛市共建国家海洋技术转移中心
	研究院模式	针对关键共性技术和重大创新成果进行培育，并打造技术转移过程中的技术、工程熟化平台	青岛海洋生物医药研究院

资料来源：黄博，代仁海，徐科凤，等. 海洋领域科技成果转化模式研究：以山东为例 [J]. 科技管理研究，2019，39（15）：125-129.

3. 做好"港口"文章，推动资源整合和智慧化建设

山东港口众多，海岸线上平均 40 公里就建有一个港区，分散化、重复化建设问题严重。与此同时，还面临着来自周边河北省、辽宁省港口群的竞争压力。山东通过资产整合和海铁联运，对全省港口进行一体化改革，港口竞争力得以全面提升。整合过程主要分为三步：2018 年 3 月，以山东高速集团为平台，整合滨州港、东营港、潍坊港，组建山东渤海湾港口集团；2019 年 7 月，威海港股权全部划转青岛港，以青岛港整合威海港，形成青岛港、日照港、烟台港和渤海湾港四大集团格局；同年 8 月，四大港口组建山东省港口集团，统筹全省港口发展[①]。此外，充分利用铁路优势，大力发展海铁联运，在扩大港口腹地范围的同时，也推进了海陆交通一体化建设。

此外，在港口整合的基础上，山东按照"一二三"的战略部署，又大力推进智慧港口建设。具体包括：一套智慧港口标准体系；山东港口智慧大脑平台和山东港口云生态平台两大平台；自动化集装箱码头信息系统工程、传统码头智能化改造工程和智慧港口信息基础设施工程三大工程[②]。具体的措施包括：在烟台港上线"管道智脑系统"，在国内率先实现了原油储运全息智能排产；在日照港启用了全球首个顺岸布局的开放式全自动化码头，率先采用"北斗+5G"技术；在青岛港建设了全球首个智能空中轨道集疏运系统（示范段），实现了港区交通由单一平

---

① 王晶. "组团"发展 连接世界 [N]. 中国海洋报，2019-07-23.
② 孙付春，杨斌. 山东港口的智慧绿色港口建设实践 [J]. 港口科技，2020（12）：1-3.

面向立体互联的革命性突破升级等①。

4. 做好"产业"文章，构筑海洋产业生态圈

山东通过海洋产业结构的优化、海洋产业的融合发展以及合理布局，大力构建海洋产业生态圈。

首先，以科技为依托，大力发展高端海洋新兴产业。依托中国电力科学研究院、山东省电力公司等建立海上风电并网联合实验室，发挥科研院所与企业协同创新优势，在海上风机基础、海上升压站等方面开展专题研究，培育海洋电力业；利用海洋生物医药方面的科研平台、创新人才优势，加速科技成果转化，大力发展海洋药物和生物制品业；创新"政产学研金服用"协作的"山东模式"，推进海水淡化与综合利用业发展；不断加大海洋工程装备研发力度，推动海洋工程装备制造业提质增效。经过多年的发展，山东海洋新兴产业规模不断壮大，海洋新兴产业指数贡献度位列全国前三②。

其次，以建设海洋牧场为契机，推动海洋第一、第二、第三产业融合发展。在全国率先探索"海洋牧场+海上风电"融合发展新模式，将海上风电底座"鱼礁化"，积极验证海上风电与海洋牧场兼顾发展的可能性，推动海洋第一产业之间融合发展；在近海投放人工鱼礁，做海参、海胆、鲍鱼等高附加值海珍品增养殖，配套发展海洋食品加工业，并逐渐由简单加工向精加工转型，推动海洋第一、第二产业深度融合；发展"蓝色粮仓+蓝色文旅"新模式，建设海洋牧场综合体平台——"耕海1号"，将渔业养殖与休闲旅游、科技研发、科普教育等功能结合，促进海洋第一、第三产业的有机融合。此外，以山东半岛蓝色经济区为核心，构建错位发展、优势互补的海洋产业空间布局体系。胶东半岛产业基础好、科研力量强，因此着重发展海洋生物医药、海洋新能源等高端海洋产业；黄河三角洲滩涂资源丰富、生态本底良好，因此着重发展生态增养殖渔业、环保产业、生态旅游业等高效生态海洋产业；鲁南拥有深水良港——日照港，因此着重发展海洋先进装备制造、汽车零部件等临港产业。

5. 做好"生态"文章，率先发展集中集约用海与蓝碳经济

山东坚持海洋开发与海洋保护并重，在全国率先实行以"点上利用、面上保

---

① 山东省交通运输厅. 我省智慧港口建设成效显著［EB/OL］.（2022－03－10）［2024－07－09］. http://jtt. shandong. gov. cn/art/2022/3/10/art_ 12459_ 10298455. html.

② 万链·青科信指数联合实验室、国家海洋信息中心联合编制的《中国海洋新兴产业指数报告2021》显示，山东海洋新兴产业指数贡献度位列全国前三。

护"为基本特征的集中集约用海新模式，成为调整沿海生产力布局、集约高效利用岸线和海域资源的有效探索。

首先，山东根据填海面积、产业特色、涉海项目、投资规模等因素，在全省划定了"九大十小"集中用海区域，利用全省约6%的海岸线资源打造十余个海洋产业集聚区，以最少的空间资源换取最大的经济效益，为全国推进用海方式根本转变、实现生态科学用海探索了成功道路。

其次，山东率先发展蓝碳经济，成立了全国首个海洋负排放研究中心和海洋碳汇院士工作站，为海洋负排放提供理论与关键技术支撑；搭建了全国首个区域性蓝碳评估中心——黄渤海蓝碳监测和评估研究中心，重点围绕黄渤海区域监测评估多种碳汇本底值，拓展潜在蓝碳增汇途径和方式；将"山东发展海洋碳汇路径与对策研究"列入2021年度海洋重大问题研究课题，为推动海洋碳汇工作提供决策支撑。

最后，山东实行海洋污染防治分区管控，并取得良好成效。山东结合海洋自然环境条件、经济社会发展和生态文明建设的需求，将山东海域划分成自然保护地、海洋特别保护区、重要河口生态系统等17类341个分区进行分区管控，分别确定各分区的环境质量目标，通过陆源污染物入海总量控制、海水养殖污染防控、船舶港口污染防治、沿岸及海上垃圾污染防治、涉海工程污染防控等措施，逐步实现海洋污染防治目标（见表7-2）。近年来，得益于各类分区防治管控措施，山东近岸海域优良水质比例稳定在90%左右。

表7-2　山东海洋生态环境分区管控一览表

类型	环境保护要求	污染防治措施
自然保护地	海水水质、海洋沉积物质量和海洋生物质量均不劣于一类标准	维持、恢复、改善海洋生态环境和生物多样性，保护自然景观，邻近河流要实行陆源污染物入海总量控制
海洋特别保护区	海水水质、海洋沉积物质量和海洋生物质量均不劣于一类标准	杜绝可能影响本海域的各种污染，禁止排污、倾倒废弃物等不利于环境保护与资源恢复行为

（续上表）

类型	环境保护要求	污染防治措施
重要河口生态系统	海水水质不劣于二类标准，海洋沉积物质量和海洋生物质量不劣于一类标准	实行河口陆源污染物入海总量控制
重要滨海湿地	海水水质、海洋沉积物质量和海洋生物质量均不劣于一类标准	实行河口陆源污染物的入海总量控制。维持、恢复、改善河口海洋生态环境和生物多样性
重要渔业海域	海水水质、海洋沉积物质量和海洋生物质量均不劣于二类标准	河口实行陆源污染物入海总量控制，进行减排防治。废水、污水必须达标排放
特别保护海岛	海水水质、海洋沉积物质量和海洋生物质量均不劣于二类标准	加强海洋环境质量监测
自然景观与历史文化遗迹	海水水质不劣于二类标准，海洋沉积物质量和海洋生物质量不劣于一类标准	河口实行陆源污染物入海总量控制。加强水质监测，妥善处理生活垃圾
重要砂质岸线及邻近海域	海水水质不劣于二类标准，海洋沉积物质量和海洋生物质量不劣于一类标准	保持砂质岸线及附近的海洋生态环境基本稳定，保证废水、污水必须达标排海
沙源保护海域	海水水质不劣于二类标准，海洋沉积物质量和海洋生物质量不劣于一类标准	河口实行陆源污染物入海总量控制，妥善处理生活垃圾，避免对毗邻海洋生态敏感区、亚敏感区产生影响，保持现有海洋生态环境
重要滨海旅游区	海水水质不劣于二类标准，海洋沉积物质量和海洋生物质量不劣于一类标准	河口实行陆源污染物入海总量控制，进行减排防治。妥善处理生活垃圾，避免对毗邻海洋生态敏感区、亚敏感区产生影响
一般渔业海域	渔业设施建设区海水水质不劣于二类标准（渔港区执行不劣于现状海水水质标准），海洋沉积物质量和海洋生物质量均不劣于二类标准	河口实行陆源污染物入海总量控制，进行减排防治，严格控制养殖自身清洁，防止水体富营养化和外来物种入侵

（续上表）

类型	环境保护要求	污染防治措施
一般滨海旅游区	风景旅游区海水水质、海洋沉积物质量和海洋生物质量均不劣于二类标准	加强海洋环境质量监测，河口实行陆源污染物入海总量控制，进行减排防治。妥善处理生活垃圾，避免对毗邻海洋保护区产生影响
保留区	保持现状	保持现状
港口航运区	港口区海域海水水质不劣于四类标准，海洋沉积物质量和海洋生物质量均不劣于三类标准；航道及锚地海域海水水质不劣于三类标准，海洋沉积物质量和海洋生物质量均不劣于二类标准	加强海洋环境质量监测。河口实行陆源污染物入海总量控制，进行减排防治。避免对毗邻海洋保护区产生影响
工业与城镇用海区	海域开发前基本保持所在海域环境质量现状水平；开发利用期执行海水水质不劣于三类标准，海洋沉积物质量、海洋生物质量不劣于二类标准	加强海洋环境质量监测，河口实行陆源污染物入海总量控制，进行减排防治
矿产与能源区	海水水质不劣于二类标准，海洋沉积物质量和海洋生物质量均不劣于一类标准	加强海洋环境质量监测。河口实行陆源污染物入海总量控制，进行减排防治
特殊利用区	海水水质不劣于四类水质标准，海洋沉积物质量和海洋生物质量不劣于三类标准	禁止倾倒超过规定标准的有毒、有害物质

资料来源：《山东省海洋生态环境保护规划（2018—2020 年)》。

（三）对广东海洋经济发展的启示

广东和山东分别为我国南北两大地区的海洋经济强省，虽然两大省的城市发展模式不同，但各有优势。对比广东，山东在海洋科技发展和海洋牧场建设等方面走在全国前列，广东可借鉴其发展经验，进一步提升海洋经济发展质量。

在海洋科技发展方面，以产业为导向，优化海洋科技创新体系和海洋科技人才队伍建设。山东在海洋生物医药、海洋工程等领域建设了一批科研院所和创新平台，引进了一批海洋界院士和领军人才，并在海洋科技成果转化方面取得了良好成效。广东目前在海洋领域的创新平台和领军人物较少，且缺乏专业的海洋科技成果交易平台，不利于创新成果的产出和产业转化。因此，广东可围绕重点发展的海洋生物、海洋电子信息等六大海洋产业，首先加快建设相应的实验室、研究院、海洋工程技术协同创新中心、海洋产业技术创新中心等创新平台；其次，通过设立高额的科研基金、建设海洋科学家小镇等方式，吸引高层级的海洋科技人才入驻；最后，积极争取国家海洋技术转移中心在广东设立分支机构，形成一南一北两大格局，或尽快推动建设省级海洋技术转移中心，促进海洋科技成果的交易和产业转化。

在海洋牧场建设方面，创新发展模式，推进海洋牧场与其他产业融合发展。2023年4月，习近平总书记在广东视察时指出："要树立大食物观，既向陆地要食物，也向海洋要食物，耕海牧渔，建设海上牧场、'蓝色粮仓'"。[①] 当前，建设现代化海洋牧场成为广东发展海洋经济的首要任务。广东可借鉴山东发展经验，因地制宜，探索海洋牧场的多元发展模式。其中，汕头、潮州、揭阳的近海海域风能丰富，渔业基础良好，可在这些地区探索"海上风电 + 海洋牧场"融合发展模式，促进海洋空间的立体开发。此外，汕头滨海旅游业较为发达，可探索建设集渔业、休闲旅游、科学研究、科普教育为一体的海洋牧场综合体，促进海洋产业融合发展。

二、浙江：找准优势、勇于创新，促进海洋经济全面发展

（一）浙江海洋经济发展概况

浙江陆域面积狭小，山地众多、地形复杂、土地资源质量不高，在一定程度上制约了经济的发展。但其海洋资源禀赋突出，拥有发展海洋经济的先天优势。根据浙江省统计局官方数据，浙江海域面积达26万平方公里，约为浙江陆域面积的2.5倍；全省11个市中有7个临海，沿海县（市、区）有33个，其中海岛县（区）有6个，占全国的40%以上；海岸线总长6 486.24公里，占全国海岸线总长度的20.3%，居全国首位；面积大于500平方米的海岛有2 878个，大于10平方

---

① 中华人民共和国国家互联网信息办公室，总书记的人民情怀 | "要树立大食物观"，https://www.cac.gov.cn/2024－04/22/c_ 1715459698774358.htm.

公里的海岛有 26 个，是全国岛屿最多的省份，其中面积 502.65 平方公里的舟山岛为我国第四大岛（第一为台湾岛、第二为海南岛、第三为上海崇明岛）；拥有宁波—舟山港、台州港、嘉兴港等众多深水良港，水深 10 米以上的水岸线分布有 100 多处，万吨级深水岸线超 500 公里，占全国 30% 以上①。

浙江寻优势、补短板，积极向海洋寻求经济增长点。其依托海洋资源优势，充分挖掘"海洋生产力"，海洋经济实力稳居全国第一方阵。根据相关统计年鉴数据（见图 7-2），2021 年，浙江全省海洋经济生产总值达 9 962 亿元，约占全国海洋生产总值的 11%。十年间，海洋生产总值实现翻倍增长，年均增长率达 7.25%。2015 年和 2020 年增长迅速，增速均超 10%。浙江海洋生产总值占地区生产总值的比重稳定在 14.0% 左右，高于全国平均水平 6 个百分点，成为海洋强国建设的有力支撑。海洋产业结构持续稳定为"三二一"次结构顺序，海洋第三产业占据绝对比重，基本形成囊括滨海旅游业、海洋交通运输业、海洋船舶业、海洋电力业、海洋工程建筑业、海洋渔业、海洋生物医药业等在内的门类齐全的海洋产业体系。

在海洋经济发展过程中，浙江从顶层设计、用海管控、产业体系、科技创新等多个方面共同发力、勇于创新，在海洋经济领域创造了全国多个"首次"，极大促进和保障了海洋经济的全面、可持续发展。

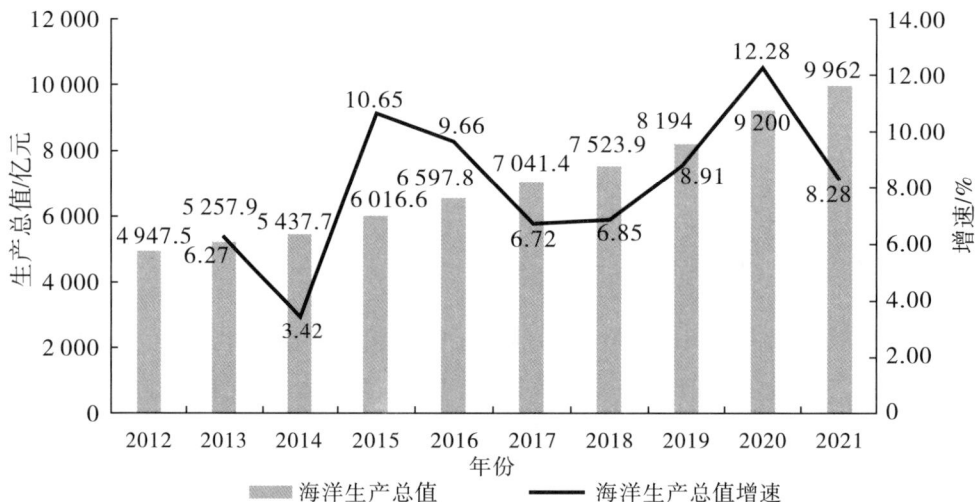

图 7-2 浙江海洋生产总值增长情况

数据来源：历年《中国海洋经济统计年鉴》。

① 浙江省统计局. 浙江省情 ［EB/OL］. http://tjj.zj.gov.cn/col/col1525489/index.html.

（二）浙江海洋经济发展经验

1. 注重顶层设计，不断深入谋划海洋发展战略

浙江以战略为引领，不断完善顶层设计，推动海洋经济发展。自 1993 年起，浙江便提出"建设海洋经济大省"的战略目标，把海洋经济放在了全省发展的重要地位。同时，制定了《浙江省海洋开发规划纲要（1993—2010 年）》，指明了这一时期海洋开发的五个方面，即以深水港为重点建设港口群体、大力发展开放型经济、开发海洋自然资源和空间资源、加快海岛基础设施建设、加强海洋国土整治，为全省海洋经济的发展提供了方向指引。

2003 年，浙江省第三次海洋经济工作会议提出，努力把浙江建设成为海洋经济综合实力强、海洋产业结构布局合理、海洋科技先进、海洋生态环境良好的海洋经济强省的战略目标，标志着浙江从"海洋经济大省"建设阶段正式进入"海洋经济强省"建设阶段。同年，浙江省将发展海洋经济纳入其"八大战略"，进一步稳固了海洋经济的发展地位。2005 年 4 月，省政府批准印发了《浙江省海洋经济强省建设规划纲要》，提出了今后一个时期海洋经济发展的主要任务、布局框架等。而后，又成功争取到更高层级的战略支持：2010 年，浙江被列为全国首批海洋经济试点省份；2011 年 2 月，《浙江海洋经济发展示范区规划》获国务院正式批复，海洋经济发展示范区建设正式上升为国家战略；4 个月后，国务院批复同意设立浙江舟山群岛新区，该新区成为我国首个以海洋经济为主题的国家级新区。

2012 年，党的十八大首次提出"海洋强国"的战略目标。作为首批海洋经济试点省份之一，浙江进入"海洋强省"建设阶段。2017 年 6 月，浙江省第十四次党代会报告明确提出了"5211"海洋强省行动。其中，"5"指五大战略举措，即浙江海洋经济发展示范区建设、舟山群岛新区建设、舟山江海联运服务中心建设、中国（浙江）自贸试验区建设、义甬舟开放大通道建设；"2"指两个战略目标，即"海洋强省"和"国际强港"；"11"指 11 项重点工作措施，即强化规划引领、突破关键领域、主抓重大项目、构筑特色平台、做强海洋产业、拓展港口腹地、建设海洋生态、集聚科技人才、加大政策激励、优化服务保障、创新体制机制。2021 年至今，省委、省政府又先后印发《浙江省海洋经济发展"十四五"规划》《关于加快发展海洋经济建设海洋强省的若干意见》等，进一步为全省海洋经济的发展引航。

2. 注重优势挖掘，发展因时制宜的海洋经济模式

从"海洋经济大省"到"海洋经济强省"，再到"海洋强省"，浙江审时度势，根据不同发展阶段的需求，挖掘不同的资源优势，发展因时制宜的海洋经济模式（见表7-3）。

在建设"海洋经济大省"时期，全省海洋渔业具有良好的发展基础，且拥有宁波、温州等天然良港，又临近上海，具有发展对外贸易的天然优势，但港口基础设施较差。因此，这一时期在完善基础设施的基础上，重点发展渔业经济和外向经济。一方面，发挥海洋渔业的发展优势，进一步发展淡水养殖生产和多种经营、水产品保鲜加工和综合利用，以渔业带动海洋经济发展活力。另一方面，将海洋经济发展思路与改革开放紧密结合，重点加快交通、能源、水利、信息等基础设施建设，依托港口资源，大力发展港口海运业、临海型工业和贸易业，依托海景资源，大力发展海洋旅游业。

在建设"海洋经济强省"时期，海洋第一产业发展动力不足，浙江转变发展思路，优化海洋产业结构，重点依托港口资源优势，大力发展港城经济。推动形成以宁波—舟山港为核心，温州港、嘉兴港、台州港为骨干，各类中小港口相配套的沿海港口和现代物流体系。同时，围绕港口进行临港产业带建设，形成以石化、能源、钢铁和船舶修造业为主的临港产业体系。围绕渔港进行渔港经济区建设，形成以舟山、岱山、洞头、椒江4个国家级中心渔港为依托的渔港经济区建设体系。

在建设"海洋强省"时期，浙江在"海洋强国"战略的引领下，重点依托海洋经济发展示范区、海洋经济国家新区等国家级重大平台优势，全面发展现代海洋经济。具体包括：做大做强港口物流、滨海旅游、现代渔业、海洋装备制造、船舶工业、海水综合利用等优势产业；大力扶持港航服务、海洋金融信息等潜力产业；积极布局海洋生物医药、深海资源勘探开发等未来产业，从而建设完善的现代海洋产业体系；并将海洋生态文明建设放在首要位置，全面推进海洋资源的保护与合理开发。

表 7 – 3　浙江不同阶段的海洋经济模式

阶段	海洋经济模式	代表性报告	重点领域
建设海洋经济大省（1978—2002 年）	渔业经济、外向经济	《沿着十二大确定的正确道路全面开创浙江社会主义现代化建设的新局面》《关于上海、浙江两省市进一步加强合作的会谈纪要》	1. 资源（渔业资源、石油和煤炭等） 2. 港口贸易 3. 产业（港口海运业、海洋水产业、临海型工业、海洋旅游业和贸易业） 4. 基础设施（交通、能源、水利） 5. 海洋科教 6. 海洋综合管理（安全管理）
建设海洋经济强省（2003—2011 年）	港城经济	《浙江省海洋经济强省建设规划纲要》	1. 产业（临港型工业、海洋旅游、海洋能源和海洋生物） 2. 基础设施（交通、能源、水利、信息） 3. 海洋科教 4. 海洋综合管理（生态保护机制）
建设海洋强省（2012 年至今）	现代海洋经济	《浙江省人民政府关于加快建设海洋强省国际强港的若干意见》	1. 产业（现代海洋产业体系） 2. 港口（系统布局） 3. 基础设施（交通、能源、水利、信息、灾害） 4. 海洋科教 5. 海洋综合管理（海洋资源和海洋生态）

资料来源：谢慧明，马捷. 海洋强省建设的浙江实践与经验 ［J］. 治理研究，2019，35（3）：19 – 29.

3. 注重用海管控，探索资源市场化配置和政府管控的有效途径

浙江坚持集约节约用海，在全国较早推进了要素市场化配置和资源环境的有偿使用。2012 年出台《浙江省海域使用管理条例》（下文简称"管理条例"），规定"经营性项目用海以及同一海域有两个以上相同海域使用方式的意向用海者的，应当通过招标、拍卖、挂牌方式取得海域使用权"，明确了海域的有偿使用范围和市场化配置方式。2013 年，根据管理条例，重新制定《浙江省招标拍卖挂牌出让海域使用权管理暂行办法》，对市场取得经营性项目用海海域使用权的条件、程序

等进行了详细规定。2017年，浙江在严格执行国家围填海总量管理制度的前提下，出台了《浙江省围填海计划差别化管理暂行办法》，建立了围填海指标与指标使用效率、自然岸线保护、海岸线整治等挂钩的管理机制，并规定重点保障省级产业集聚区内的重点产业项目和海洋特色产业园内的海洋战略性新兴产业项目，一方面促进海洋资源的有效保护与高效利用，另一方面倒逼海洋产业结构优化转型①。

此外，创新用海政策，探索海域管理从"平面"到"立体"的转变。2022年，浙江印发《浙江省自然资源厅关于推进海域使用权立体分层设权的通知》，明确了分层设权空间范围、海域使用论证内容、立体分层设权审批要求、立体分层设权不动产登记、立体分层设权海域监测修复五大内容，统筹推进了海域资源的高效使用和高水平保护。

4. 注重协同发展，推进海洋港口一体化建设

浙江虽然具有深水良港的天然优势，但大多行政管辖割裂、资源分散，且同质化竞争严重。为了实现港口协同发展，浙江以宁波—舟山港一体化建设为突破口，推动全省海洋港口一体化发展。

首先，建立了有效的协作机制。组建省海洋港口发展委员会，将省级政府口岸管理及原来在发改委、交通运输、海洋等部门的涉海涉港职能统筹划归为省海洋港口发展委员会，实现全省港口统一管理、全省港口发展战略的统筹制定等②。其次，实现港口资源一体化整合和运作。成立省海洋港口投资运营集团公司（简称省海港集团），对原宁波港和舟山港进行整合，由省海港集团主导港口重大基础设施建设、滩涂岸线等资源利用，并相继完成了温州港、嘉兴港、台州港和义乌国际陆港等港口的相关资产整合，实现了省政府对全省主要港口资源的直接控股③。最后，构建优势互补的港口发展格局。通过宁波—舟山港的带动和全省港口分工定位的优化，形成以宁波—舟山港为主体、以浙东南沿海港口和浙北环杭州湾港口为两翼、联动发展义乌国际陆港及7个内河港口的"一体两翼多联"港口发展格局。

① 郭媛媛. "浙"潮奔涌逐浪高：改革开放40年浙江省海洋与渔业事业发展回眸 [J]. 浙江国土资源，2019（1）：21 - 23.

② 孙景森. 浙江推进海洋港口一体化发展的做法及启示 [J]. 港口经济，2016（9）：12 - 14.

③ 李兴湖. 国内外港口整合实践与福建港口一体化发展研究 [J]. 亚太经济，2021（3）：122 - 128.

以上举措推动了宁波—舟山港向大型化、世界级港口跃升。据统计，宁波—舟山港货物吞吐量连续 12 年稳居全球第一、集装箱吞吐量跃居全球第三[①]。此外，也促进了区域港口之间的分工协作和良性发展。

5. 注重海洋科研，组建各类海洋产业技术创新战略联盟

为促进区域内海洋科技创新个体高效合作和知识转移，助力发展海洋经济，建设海洋经济强省。从 2010 年开始，浙江便大力支持组建各类海洋产业技术创新战略联盟（见表 7 -4）。这些联盟大部分由海洋龙头企业牵头，联合各类海洋科研机构、高校、骨干企业共同组建，涵盖"要素整合—科技创新—产业转化—社会效用化"等创新链的不同环节，能有效促进海洋经济的协同创新，以及创新与产业转化的深度融合。

表 7 -4　浙江部分海洋产业技术创新联盟一览表

名称	成立时间	牵头单位	初期联盟单位
浙江省船舶制造产业技术创新战略联盟	2010 年	扬帆集团股份有限公司	浙江省海洋开发研究院、浙江海洋学院等 17 家单位
浙江省船用动力产业技术创新战略联盟	2010 年	宁波中策动力机电集团有限公司	浙江大学、宁波大学等 10 家单位
浙江省海洋水产加工制造产业技术创新战略联盟	2010 年	浙江兴业集团有限公司	浙江省内海洋水产骨干企业以及科研院所等 10 家单位
浙江省海水淡化产业技术创新战略联盟	2011 年	杭州水处理技术研究开发中心	浙江大学、浙江科尔泵业股份有限公司等 13 家单位
浙江省海洋生物制品产业技术创新战略联盟	2013 年	海力生集团有限公司	浙江工业大学等高等院校、科研院所与相关企业
浙江省海洋发展智库联盟	2021 年	宁波大学东海研究院	自然资源部第二海洋研究所、浙江省发展规划研究院海洋发展研究中心等智库单位

资料来源：根据网络公开数据整理。

---

① 郎文荣. 以习近平生态文明思想为引领　扎实推进浙江海洋生态文明建设走深走实 [J]. 环境与可持续发展，2022，47（3）：7 - 11.

6. 注重生态保护，构建蓝色生态护海屏障

首先，浙江在全国率先全域推进海洋生态建设示范区培育创建工作，初步形成以"一条红线四大规划"为核心的海洋资源保护与开发管控机制①。"一条红线"指海洋生态红线，以海定陆，先于陆域生态红线划定海洋生态红线，将重要海洋生态功能区、生态敏感区和生态脆弱区纳入管控范围，构筑海洋生态安全底线。"四大规划"分别指海洋功能区规划、海洋主体功能区规划、海岸线保护与利用规划和海岛保护规划，对全省海洋、海岸线、海岛实行分类分区保护与利用。浙江在全国率先建立海岸线管理办公室，首创性地提出自然岸线"占补平衡"的概念，即占用非红线区内的自然岸线，必须通过修复生态岸线来补齐，以确保自然岸线保育率不降低。

其次，浙江立足管海护海，持续组织实施"蓝色海湾"整治行动和海岸带保护修复工程。其中，温州洞头蓝色海湾整治模式成为生态文明建设的样板，率先出台蓝色海湾整治修复评价指数体系，通过海上生态浮标、碳通量观测塔、海洋牧场水下监控系统等监测平台，实时监控蓝色海湾指数，实现生态系统数字化②。

最后，浙江高度重视生态预警与生态监测。2021年，浙江编制完成全国首个省级海洋生态综合评价指标体系——《浙江省海洋生态综合评价指标体系》，在全省印发试行；通过近一年的监测评价，形成了省、市、县三级生态预警"一本书"、生态风险"一张图"、生态问题"一张表"，初步掌握了全省的海洋生态家底和生态风险等级水平，并根据问题清单，按照"一县一策"的原则提出了针对性对策，逐一开展海洋生态保护与修复措施。

（三）对广东海洋经济发展的启示

浙江不断挖掘海洋资源优势，在用海管控、海洋生态保护等方面持续探索新的做法模式，海洋经济发展走在全国前列，其不少经验做法值得广东借鉴。

首先，需充分挖掘和利用海洋经济发展优势。一方面，广东属于亚热带季风气候，气候条件非常适合发展养殖业，广东需利用天然优势，尽快培育现代化海

---

① 王建友. "两山"理念与海洋生态文明建设：浙江样本和新使命［J］. 中国海洋社会学研究，2021（0）：178 – 188.

② 浙江省自然资源厅. 中国生态修复典型案例丨温州洞头蓝色海湾整治行动［EB/OL］.（2021 – 10 – 19）［2024 – 07 – 09］. https://zrzyt. zj. gov. cn/art/2021/10/19/art_1289955_58944893. html.

洋牧场，促进传统渔业转型；另一方面，广东濒临南海，海洋生物种类丰富，具有海洋生物资源多样性、遗传多样性以及基因多样性等多重优势。目前广东海洋生物医药产业发展水平仍然较低，未来应将重点围绕产业链构建、产业集群建设、海洋生物资源合理开发等方面发力。与此同时，广东新一代电子信息、人工智能等新兴产业发展势头迅猛，应以此为依托，全面推进海洋经济数字化、智能化发展。

其次，推进海洋经济不同领域的制度完善和机制创新。在用海管控方面，巧用用海指标与产业效益挂钩、提高生态门槛等措施，倒逼海洋产业结构优化，并尽快推进海域使用权立体分层设权，缓解用海矛盾，提高海洋空间资源利用效率；在港口建设方面，借鉴宁波—舟山港一体化建设经验，推动地理位置邻近、发展同质的港口进行一体化建设，例如广州港和深圳港可强强联合，通过资产整合、分工协作和一体化经营，打造全球第一大港；在海洋科研方面，以促进海洋产业创新发展为目的，强化科研机构、高校、企业之间的联动，大力支持三类主体共同组建海洋产业技术创新联盟，形成从技术创新到产业应用的创新链条；在生态保护方面，目前广东已初步建立海岸线占补制度，后续应尽快推进海岸线占补指标交易制度的制定，并尽快构建海洋生态评价与预警体系，形成海洋生态系统"体检单"和"预防单"。

三、福建：积极争取、开放共赢，实现海洋经济实力整体跃升

（一）福建海洋经济发展概况

福建地处东海之滨，东隔台湾海峡与台湾省相望，拥有陆域海岸线 3 752 公里，占全国海岸线总长的 20%，居全国第二位；海岸线曲折率 1：7，居全国第一位；海域面积 13.6 万平方公里，水深 200 米以内的海洋渔场面积 12.51 万平方公里，占全国海洋渔场面积的 4.5%；沿海岛屿星罗棋布，大于 500 平方米的岛屿 1 546 个（其中有人岛屿 102 个），总面积 1 400.13 平方公里，岛屿海岸线长 2 804.4 公里；大小港湾 125 个，其中深水港湾 22 处，可建 5 万吨级以上深水泊位的天然良港包括东山湾、厦门港、湄洲湾、兴化湾、罗源湾、三沙湾、沙埕湾 7 个，港口吞吐量可开发潜力大；沿海属大陆架浅海，台湾海峡平均水深 50 米，

是东北亚通向南亚、西亚的首选航道①。

　　丰富的海洋资源为福建海洋经济发展提供了天然条件。2006 年至今，福建海洋生产总值占地区生产总值的比重稳定在 20% 以上，2017—2018 年更是接近 30%，海洋经济成为福建经济发展的重要支柱（见图 7 - 3）。但从海洋生产总值的绝对值来看（见图 7 - 4），2014 年以前，福建海洋生产总值较低，不足广东海洋生产总值的一半；2014 年以后，福建海洋经济发展迅速，从 5 980.2 亿元增长至 2021 年的 11 700 亿元，年均增长率达 10% 以上，实现翻倍增长；2015 年，海洋生产总值超越上海和浙江，从全国第五跃居全国第三，并连续 7 年稳居全国第三，与广东、山东的差距也在逐年缩小。目前，福建已形成海洋渔业、海洋交通运输业、滨海旅游业、海洋建筑业、海洋船舶修造业五大主导产业，它们占全省海洋经济主要产业总量的 70% 以上②。其中，海洋渔业优势明显，海水养殖产量、远洋渔业产量、水产品人均占有量、水产品出口额等指标稳居全国第一。海洋生物医药、海洋工程装备、邮轮游艇等海洋新兴产业也在迅速发展，初步形成环三都澳、闽江口、湄洲湾、泉州湾、厦门湾、东山湾六大海洋经济密集区。

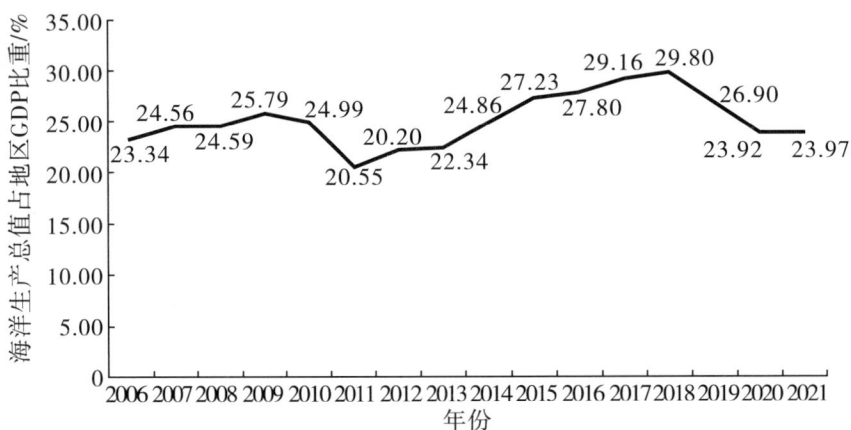

图 7 - 3　福建海洋生产总值占地区 GDP 比重

数据来源：历年《中国海洋经济统计年鉴》。

　　①　中共福建省委台湾工作办公室 福建省人民政府台湾事务办公室，福建概况，http://www.fjtb.gov.cn/intro/201306/t20130609_ 4299387.htm.

　　②　福建省发展和改革委员会. 辉煌"十二五"，福建昂首阔步迈向海洋经济新时代［EB/OL］.（2016 - 01 - 20）［2024 - 07 - 09］.http://fgw.fujian.gov.cn/ztzl/hxlsjjsyqzt/lsdt/201601/t20160120_ 834075.htm.

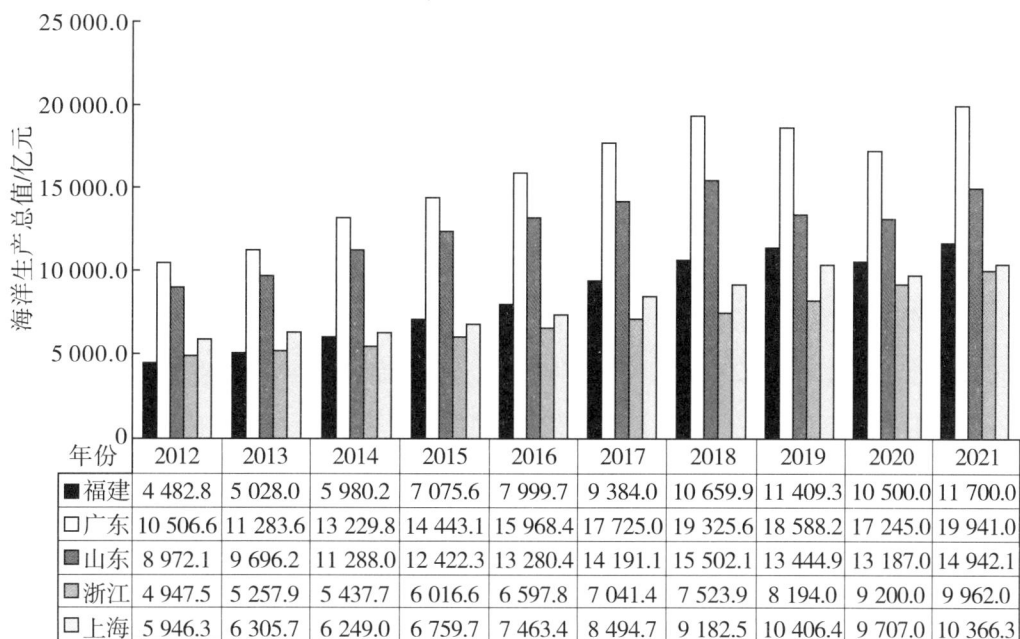

年份	2012	2013	2014	2015	2016	2017	2018	2019	2020	2021
■福建	4 482.8	5 028.0	5 980.2	7 075.6	7 999.7	9 384.0	10 659.9	11 409.3	10 500.0	11 700.0
□广东	10 506.6	11 283.6	13 229.8	14 443.1	15 968.4	17 725.0	19 325.6	18 588.2	17 245.0	19 941.0
▨山东	8 972.1	9 696.2	11 288.0	12 422.3	13 280.4	14 191.1	15 502.1	13 444.9	13 187.0	14 942.1
▧浙江	4 947.5	5 257.9	5 437.7	6 016.6	6 597.8	7 041.4	7 523.9	8 194.0	9 200.0	9 962.0
□上海	5 946.3	6 305.7	6 249.0	6 759.7	7 463.4	8 494.7	9 182.5	10 406.4	9 707.0	10 366.3

图 7-4　福建与其他海洋经济强省海洋生产总值对比

数据来源：历年《中国海洋经济统计年鉴》。

可以说，2014 年前后是福建海洋经济发展的重要转折期。福建实现海洋经济的整体跃升，与积极争取到国家海洋经济试点密切相关。此外，福建利用资源和区位优势，积极与台湾、东盟展开合作，并创新蓝色金融支持模式，推动海洋产业集群化布局，进行陆海统筹治理，极大拉动和保障了海洋经济的快速增长。

（二）福建海洋经济发展经验

1. 政策支撑：积极争取国家战略支持

2010 年 6 月，福建省政府向国务院上报了《关于恳请将福建列入国家海洋经济发展试点的请示》。同年 7 月，国家发改委正式确定山东、广东、浙江为全国海洋经济发展试点省份，福建未在名单之列。但福建并未放弃，同年 8 月，成立全省打造海峡蓝色产业带建设海洋经济强省领导小组，积极与国家发改委进行沟通，争取国家试点。2011 年 3 月，国务院批复《海峡西岸经济区发展规划》明确指出，"支持福建开展全国海洋经济发展试点工作，努力建设海峡蓝色经济试验区"。福建随即开展《福建海峡蓝色经济试验区发展规划》和《福建省海洋经济发展试点总体方案》编制工作。2012 年，国务院批准《福建海峡蓝色经济试验区发展规划》，标志着福建终于成为全国第四个海洋经济发展试点省份，福建海洋经济发展上升为国家战略。而后，福建在海洋产业项目、用海指标、专项资金补贴等多个方面也相继获得国家政策倾斜。

在地方层面，福建先后出台了《关于加快海洋经济发展的若干意见》《关于支持和促进海洋经济发展九条措施》《关于促进海洋渔业持续健康发展十二条措施》《福建省海洋经济促进条例》《加快建设"海上福建"推进海洋经济高质量发展三年行动方案（2021—2023 年）》等政策文件，编制完成了《福建省海洋新兴产业发展规划》①《福建省现代海洋服务业发展规划》②《福建省"十四五"海洋强省建设专项规划》等多个发展规划，指明了海洋经济的重点发展方向和行动计划，并在税收优惠、龙头企业培育、装备制造补贴、平台建设等多个方面为海洋经济发展提供政策保障，全面构建海洋经济发展政策支撑体系，为海洋经济发展保驾护航。

2. 金融支持：创新蓝色金融新模式

充足的资金支持对海洋产业的发展至关重要。而海洋产业具有周期长、风险大、不确定性高等特点，社会资本的投资意愿低，资金来源渠道有限。因此，福建探索建立财政资金对蓝色金融的引导机制，创新财政资金与社会资本协作的蓝色金融模式，助力海洋经济的发展。主要采取以下措施：

一方面，投入风险补偿金，分担金融机构的信贷风险。2010 年，福建印发《金融支持福建省海洋经济发展指导意见》提出，对于海洋渔业等传统海洋产业领域和海洋生物制药等投资风险相对较大的海洋新兴产业领域，可综合运用财政贴息、奖励、补助等方式，引导民间资金和银行信贷资金跟进投入，也可通过设立贷款、担保风险补偿金等方式，分散信贷风险。从 2013 年开始，福建每年安排5 000 万元省级财政专项资金，作为省内现代海洋产业中小企业助保金贷款政府风险补偿资金，并以财政资金为引导，分别与中国银行福建省分行、民生银行福州分行合作开展了现代海洋产业中小企业助保金贷款业务③。

---

① http://zfgb.fujian.gov.cn/3480.
② http://www.fujian.gov.cn/zwgk/zxwj/szfbgtwj/201210/t20121025_ 1415437.htm.
③ 科技创新驱动　力促福建海洋产业发展［N］.福建日报，2015 – 05 – 14.

另一方面，设立海洋产业创投基金，专项支持重点产业发展。2013 年，福建投入 5 000 万元省级财政资金，引导设立了首期福建省现代蓝色产业创投基金，重点用于支持海洋新兴产业、现代海洋服务业、现代海洋渔业等初创型、成长型企业发展①。2016—2017 年，省级财政两年内安排 5 000 万元，引导带动福建省投资开发集团、福建海峡银行等社会资本，共同设立福建省远洋渔业产业基金，用于支持远洋渔船建造、远洋渔业基地等。2022 年，省政府又牵头设立福建省海洋经济产业投资基金，规模为 200 亿元，主要用于投资建设渔港经济区和海洋工程装备产业等。

3. 产业集群：打造蓝色产业集聚区

福建从宏观和微观两个尺度，优化海洋产业空间布局，推动涉海企业集群发展。在宏观尺度，构建"一带两核六湾多岛"的区域海洋产业集聚区。"一带"指沿海经济带，包括福州、厦门、漳州、泉州、莆田、宁德和平潭综合实验区等沿海六市一区产业带及附近海域海岛，在该区域着力布局建设现代化港口集群、海洋产业集聚区、高端临港临海产业基地和海洋生态保护区；"两核"指福州示范引领区和厦门示范引领区，重点做大做强海洋新兴产业和现代海洋服务业；"六湾"指环三都澳、闽江口、湄洲湾、泉州湾、厦门湾和东山湾，在环三都澳重点布局锂离子电池和不锈钢产业，在闽江口重点布局临港物流业，在湄洲湾重点布局绿色循环工业，在泉州湾重点布局海洋生物与海洋文旅产业，在厦门湾重点布局高端临港产业，在东山湾重点布局海上风电和光伏产业；"多岛"指海岛，按综合开发和特色开发两种模式，对海岛进行分类开发利用。

在微观尺度，高标准打造蓝色产业园。出台《关于支持和促进海洋经济发展九条措施的通知》《福建省海洋产业示范园区认定办法（试行）》等支持海洋产业园区发展的政策和优惠措施，重点支持园区发展海洋生物医药、海洋工程装备和高端船舶制造等海洋新兴产业，港口物流、海洋旅游与文化创意等现代海洋服务业，海产品深加工和远洋捕捞等现代海洋渔业；对于落地的省级海洋产业示范园区，优先研究列为省重点项目，优先保障用地、用海、用林，减免海域使用金省内部分的 30%。先后培育了诏安金都海洋生物产业园、石狮市海洋生物科技园、霞浦台湾水产品集散中心等海洋特色示范产业园区。

---

① 建设海洋产业园 推动海洋企业聚群发展［N］. 福建日报，2014 - 11 - 13.

4．开放交流：加强海峡两岸与国际合作

福建充分利用"海峡两岸"和"海上丝绸之路核心区"的区位优势，以及渔业资源优势，积极与台湾、东盟等开展海洋经济合作，大力发展现代海洋渔业。

一是强化与台湾、东盟基础设施互通，为合作创造基础条件。自 2008 年两岸实现全面"三通"以来，福建积极探索两岸直航新模式。截至 2023 年年底，先后开通 4 条"小三通"客运班轮航线、5 条闽台客滚航线、2 条闽台货滚航线、12 条闽台海上集装箱航线、31 条闽台海上不定期散杂货运输航线，并推动沿海港口（港区）全部对台开放①。在与东盟合作方面，推动厦门港和福州港与马来西亚巴生港结为友好港，以及福州港与马来西亚马六甲结为友好港，提升货物装卸和贸易水平，增加商业机会。

二是围绕海洋渔业的"研发—养殖—加工—贸易"等环节与台湾开展全链条合作。以福建水产学会为桥梁纽带，与台湾水产学会签订了"闽台水产学会学术交流与合作备忘录"，约定了每年联合举办一次闽台水产学术研讨会，进一步增强了闽台水产教育、科研领域的紧密合作；建设闽台水产良种繁育示范基地，从台湾引进优良品种和先进的人工养殖、种苗繁育、深海养殖等技术，推动工厂化水产养殖业发展；建设霞浦台湾水产品集散中心和东山海峡两岸水产品加工集散基地，集台轮停泊及货物装卸、闽台水产品交易、水产品精深加工等多功能为一体，推动水产品加工与贸易业发展；建设平潭综合实验区，使其成为大陆唯一一个对台综合实验区，相继出台《关于鼓励进口台湾农渔产品的若干措施（试行）》《加快推进闽台农业融合发展（农渔）产业园建设的十五条措施（试行）》等政策，积极引进台资企业，与台湾合作共建农渔产业园，打造平潭台湾农渔交易市场和两岸农渔产品线上交易平台等，促进闽台渔业融合发展。

三是与东盟搭建海洋经济合作平台，大力发展境外渔业。借助中国—东盟海上合作基金项目支持，在厦门成立中国—东盟海洋合作中心，为海洋经济合作项目提供智库和信息服务；依托厦门大学建立中国—东盟海洋学院，为我国和东盟各国培养海洋科技人才，以巩固与东盟各国的合作关系；在福州成立中国—东盟海产品交易所，打造"线上交易、线下交收、跨境结算"的交易平台，从而整合

---

① 中国新闻网. 闽台海上直航成两岸往来与合作重要通道［EB/OL］.（2019 – 07 – 05）［2024 – 07 – 09］. https://baijiahao.baidu.com/s?id = 1638226145097908734&wfr = spider&for = pc.

中国—东盟海洋渔业产业链的产、运、销、需各方资源。目前，福建已成为东盟最大的水产品贸易伙伴①。此外，在印度尼西亚、印度、缅甸、马来西亚等国家专属经济区和太平洋、印度洋、大西洋公海海域建设作业渔场，大力发展境外渔业。目前，福建境外水产养殖发展规模居全国第一，成为福建海外渔业新的经济增长点②。

5. 海洋治理：推动陆海统筹协同治理

建立海岸带综合管理联席会议制度，从组织领导方面促进陆海统筹治理。联席会议根据工作需要定期或不定期召开，主要负责海岸带保护与利用管理相关法律法规、政策方针的落实；协调和解决海岸带保护与利用管理工作中的重大问题；督促指导各地各部门落实海岸带保护与利用各项工作，扎实推进海岸带生态保护修复；推动部门加强协作配合，形成海岸带监管工作合力；总结各地各部门在海岸带保护管理和生态修复工作中的好经验、好做法，加大海岸带保护宣传力度等。

率先推动海域资源市场化配置，破解海域资源供应与海洋经济快速发展之间不平衡的问题。以渔业用海为突破口，在沿海各级海洋行政部门先行试点，并逐步从单一的渔业用海拓展至非渔业用海；配置领域上，也从海域资源向海砂、无居民海岛等海洋资源延伸；配置机制上，从"净海"出让方式发展到探索海域资源收储、前期开发后再进行配置等方式扩展③。同时率先搭建并开通福建海洋产权交易服务平台，为海洋产业市场化交易提供一体化服务。

首创海洋"五并"立体治理模式，包括生态与公益并举、打击监督并重、检察行政并联、海湾陆岸并治、法治综治并施，解决跨区域、跨陆海等治理难题。在生态与公益并举方面，率先创新设置"公益诉讼和生态检察部"，通过创新机构一体化、地域一体化办案，推动解决跨区域海洋保护难题；在打击监督并重方面，创新整合刑事、民事、行政、公益诉讼"四大检察"职能，在办案中监督，在监督中办案，既保障涉海案件公正处理，又保护海洋环境资源安全；在检察行政并联方面，针对长期困扰海洋保护的"多头治理"问题，在全国首创诉前圆桌会议

---

① 李南. 福建省与东盟海洋经济合作的现状与动因［J］. 厦门理工学院学报，2017，25（2）：28－32.

② 加强海洋经济合作 共奏"海上丝绸之路"交响曲［N］. 福建日报，2015－11－14.

③ 陈忠禹. 海域资源市场化配置的实践与探索：以福建省为例［J］. 山西高等学校社会科学学报，2016，28（4）：44－48.

机制，以"我管"促"都管"，推动海洋治理现代化；在海湾陆岸并治方面，针对海洋污染主要来自陆地的现实情况，将海洋保护视角创新延伸到入海河流、入海口湿地等输入性源头；在法治综治并施方面，将法治宣教主动融入党委、政府综合治理"一盘棋"，建设全国首个省级海洋检察展示平台，发布《"守护海洋"蓝皮书》。

（三）对广东海洋经济发展的启示

福建虽然海洋经济总量不及广东，但在蓝色金融、蓝色产业、蓝色治理等方面勇于探索，成功摸索形成了一套方法路径，其不少做法值得广东借鉴。

在蓝色金融方面，福建创新了"政策性金融＋商业性金融"的投资模式，为社会资本的参与提供风险保障，极大地鼓励了社会资本投资海洋经济的积极性。为给海洋经济发展提供充足的金融支持，广东也可在一些重点发展的海洋新兴产业领域，如海洋药物和生物制品、海洋电力等，由政府投入一定的风险补偿金，分担社会资本的投资风险，以此带动社会资本的积极参与。

在蓝色产业方面，福建加强与台湾、东盟等的合作，极大推动了现代渔业，尤其是远洋渔业和境外渔业的迅猛发展，并以蓝色产业园区的形式，推动重点海洋产业集聚发展。一方面，广东应发挥海上丝绸之路重要节点以及靠近港澳的区位优势，积极与港澳和海上丝绸之路国家展开合作；借助香港的金融和创新优势，大力发展海洋新兴产业；扩大与海上丝绸之路国家的贸易往来，积极发展海洋贸易和境外渔业。另一方面，广东可加快培养一批具有特色的蓝色产业示范园区，以重点产业的高效集聚引领海洋经济高质量发展。

在蓝色治理方面，福建从组织领导、市场化配置、立体治理等方面探索了陆海统筹治理的新模式，推动海洋治理能力不断提升。一方面，广东可借鉴福建的经验，与港澳两地共建海岸带综合管理联席会议制度，推动各城市、各部门间的海洋治理协作，实现海岸带综合保护与利用，共同解决区域海洋生态问题。另一方面，针对海洋资源供给与海洋经济发展不协调的问题，广东需学习福建，尽快搭建海洋产权交易服务平台，实现海域资源市场化配置全省统筹。

四、台湾：保护优先、发展并重，促进海洋经济可持续发展

（一）台湾海洋经济发展概况

台湾是我国最大的岛屿，位于东南沿海的大陆架上，四面环海，东临太平洋，北接琉球群岛，南部有巴士海峡将其与菲律宾相隔，西部与福建厦门隔海相望。台湾由本岛、周围属岛（21 个）和湖列岛（64 个）共计 86 个岛屿组成，陆地总面积 3.6 万平方公里[①]。海岸线较为平直，总长 1 578 公里。台湾东西两岸海洋环境相差极大：西岸多为平原、砂洲、浅滩、潟湖、砂丘和海埔地，可开发建设的海洋空间资源较多；东岸则为耸直的岩石崖岸，开发建设难度较大。

台湾拥有良好的航运条件和丰富的海洋生物和非生物资源。在航运方面，台湾位于西太平洋航道的中心，是我国与太平洋地区各国海上联系的重要交通枢纽，具有发展区域甚至全球物流中心的地理优势[②]。在海洋生物方面，台湾位于海洋生物多样性最高的东印度群岛北缘，在北赤道洋流、大陆沿岸流及夏季西南季风流的相互作用下，加之北回归线穿越，气温适宜，拥有鱼类 2 800 种、珊瑚 250～300 种、海星和海胆等棘皮动物 150 种以上、鲸鱼 10 种、海豚 25 种等，海洋生物种类高达全球物种的十分之一[③]。在非生物资源方面，拥有丰富的石油、天然气水合物、温差能、波浪能、潮汐能、海流能等海洋能源资源和深海锰结核、硫化物、砂石等海洋矿物资源。

依托丰富的海洋资源，台湾海洋渔业、海洋交通运输业及海洋旅游业较为发达。其中，渔业是台湾的主要传统产业，从 1984 年总产量首次突破 100 万吨以来，渔业规模逐年增加[④]。但近年来，受渔业资源衰退的影响，已从近远海捕捞逐渐向养殖业和休闲渔业转型；海洋交通运输业维系着台湾经济的发展，承担了台湾 98% 以上的对外运输功能，目前拥有台中港、基隆港、高雄港、花莲港 4 大国际商

---

① 中华人民共和国中央人民政府. 台湾基本情况 ［EB/OL］. https：//www. gov. cn/guoqing/2020－07/28/content_ 5530577. htm.

②③ 周通，周秋麟. 台湾海洋资源与海洋产业发展 ［J］. 海洋经济，2011，1 (6)：24－32.

④ 孙承宗，阎桂兰. 台湾海洋渔业面面观 ［J］. 海峡科技与产业，2014 (9)：41－44.

港及苏澳港、台北港、安平港 3 座辅助港；滨海旅游业是台湾重要的支柱产业，海岸型游憩区主要分布在东北部、东部、北部、垦丁、绿岛、兰屿和澎湖各岛，依托优越的自然环境和气候条件，每年吸引数千万人次来台旅游（见图 7 - 5）。

在台湾海洋经济的发展过程中，从管理机制到法律体系，再到产业发展和人才培养，可持续发展理念始终贯穿全局。台湾以海洋环境和海洋资源保护作为首要任务，以管理体制改革作为发展保障，持续推进产业转型和海洋人才培养，极大促进了海洋经济的可持续发展。

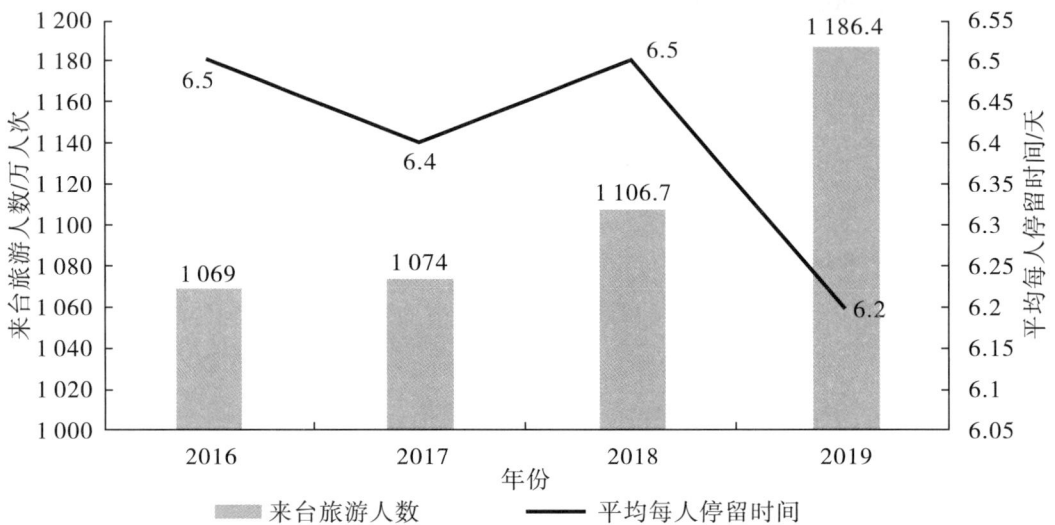

图 7 - 5　来台旅游人数变化情况

数据来源：历年《台湾统计年鉴》。

（二）台湾海洋经济发展经验

1. 优化管理机制，持续进行海洋管理体制改革

台湾最初的海洋管理事务由多个部门共同负责，按行业属性进行分工管理，是典型的"多头"管理模式，职权交叉、效率低下。进入 21 世纪后，台湾开始进行海洋管理体制改革，由分散式管理逐渐向综合性、集中式管理转变。

1992 年，台湾成立"南海小组"，将所有涉及海洋管理事务的机构和部门整合在一起。这是台湾历史上第一次建立海洋事务跨部门管理机构，但由于级别过低，跨部门管理作用有限，后来逐渐被边缘化①。2000 年，为理顺海上执法管理部门之间的职权关系，台湾当局将原"国防部海岸巡防司令部""内政部警政署水上警察局"及"财政部关税总局"缉私船队加以整合，成立了统一的海上执法部门"海岸巡防署"，开启了海洋行政管理机构整合的先河，而与海洋有关的政策、资源、环境、教育等领域仍由不同机构分别负责。2004 年，设立"海洋事务推动委员会"，将海洋相关的行政资源进行整合，也吸纳了一定的民间力量，形成跨部门的海洋事务推动平台，为设立专门的海洋管理机构奠定了重要基础。2008 年，"海洋事务推动委员会"更名为"海洋事务推动小组"，陆续推动了海洋执法能力提升、海洋资源环境保护、海洋调查和科学研究等多项工作。但归根结底，"海洋事务推动小组"只是一个临时性的海洋事务推动组织，仍需一个综合性的海洋管理机构对海洋事务进行统一管理。因此，马英九主张设立"海洋事务部"以加强"海空域执法能力、强化海洋环境保护、海上搜救、犯罪防治、资源调查保育与科技研究发展"②。但台湾当局及民众一直对是否成立"海洋事务部"争议不断，最终台湾决定设立"海洋委员会"作为海洋综合管理机构的过渡机构，将来再视情况决定是否设立"海洋事务部"。2018 年，"海洋委员会"正式挂牌成立，下属机构包括"海岸巡防署""海洋保育署"和"海洋研究院"，这标志着台湾向海洋综合管理又迈入了历史性的一步。

2. 坚持保护优先，健全海洋环境保护法律体系

台湾从海洋污染防治和海洋资源保护两个方面推动法律体系的构建，以立法明确海洋保护的重要地位。在海洋污染防治方面，建立了以《海洋污染防治法》为核心，以其他零散性立法为补充的海洋环境保护法律体系，并采取事前预防与事后处理相结合的管理方式，强化海洋保护与污染防治机制③。2000 年，台湾公布实施了专门针对海洋环境污染防治的法律——《海洋污染防治法》，将之前分散于各类行政法规中的有关海洋污染防治的规定进行了有效整合，并颁布了《海洋污染防治法施行细则》《海洋环境污染清除处理办法》《海洋弃置及海上焚化管理办法》《海洋污染防治各项许可申请收费办法》等一系列配套的行政法规和法规性文

---

① 孙承宗，阎桂兰. 台湾海洋渔业面面观［J］. 海峡科技与产业，2014（9）：41－44.

② 赵鹏，李双建. 台湾地区海洋管理历史沿革及对大陆的启示：2012 年中国社会学年会暨第三届中国海洋社会学论坛：海洋社会学与海洋管理［C］. 宁夏银川，2012.

③ 陈淋淋. 台湾地区海洋环境保护法制及其启示［J］. 海峡法学，2018，20（1）：17－26.

件。在具体内容上，它们互为补充，相辅相成，规定的事项也极为详细具体，具有极强的可实施性。

在海洋资源保护方面，针对特定的海洋资源，探索了相应的法律保护制度。以宝石珊瑚为例，出台《渔船兼营珊瑚渔业管理办法》，将其作为宝石珊瑚保护的主要法律依据。采用"限制性管理"方式，通过"限时""限地""限量"三个限制，对宝石珊瑚的打捞进行控制。其中，"限时"是指规定渔船兼营珊瑚渔业执照以1年为限，单艘渔船每年出海作业日数不得超过220日；"限地"是指珊瑚渔船仅限于5处指定海域作业，珊瑚渔船限由指定渔港进出，采获珊瑚的交易也应在指定地区进行；"限量"是指限制珊瑚渔船的总数和年度总捕获量，单艘渔船的年容许捕获量和出口量也受到额度限制。

3. 发展休闲渔业，有效促进滨海农村经济转型

受近海渔业资源衰退和远洋公海捕捞配额日益萎缩的影响，台湾渔业产能呈下降趋势。为此，台湾采取相应的措施，于1990年开始实施减船政策，鼓励传统渔业转型，大力发展休闲渔业[①]。同时，这些措施对推动滨海农村经济升级和海洋文化传承也发挥了重要意义。具体做法如下：

一是多元主体共同推动，主要包括政府、社区与渔业组织。1992年，台湾渔业局成立休闲渔业发展指导小组，负责对休闲渔业发展的宏观指导和相关制度的制定。从20世纪90年代初开始，政府开始推动"富丽渔村计划"，大力兴建渔民活动中心、渔业展示馆、渔村公园、渔村道路及排水管道、渔具仓库等休闲场所和基础设施，改善渔村环境[②]。在社区层面，加大公众参与力度。以合兴里富丽渔村为例，从建设计划的起草到方案编制再到实施，均邀请社区居民参与讨论。充分尊重居民意见，规划建设受到居民普遍认同，更有利于后续管理。而渔会主要是作为渔港旅游的经营单位，具有完善的组织架构，承担了具体的休闲渔业策划、宣传、营销等工作。

二是发展多样化的业态类型，主要包括运动休闲型、体验渔业型、生态游览型、渔乡美食型和教育文化型。运动休闲型以海钓、船钓、港钓为主要形式，在

---

① 台湾的休闲渔业是一种精致化的渔业，其特点在于将传统第一产业的渔业生产转型为提供旅游文化服务的第三产业，利用传统渔业各种硬件设施，如渔港码头、渔船、渔具等，以及渔乡民俗民风、渔民传承下来的丰富从业经验与技术知识等文化内涵，使游客参与并体验内陆城市生活所无法体验到的海洋文化与生活。

② 孙璇. 台湾休闲渔业发展与滨海农村经济转型［J］. 福建水产，2012，34（6）：493－497.

垂钓的同时，也能观赏日出日落与海景，一度成为民众旅游消费的新热点；体验渔业型以休闲捕捞、渔业活动参观、渔村生活体验为主要形式，重在体验传统渔村风俗民情，也有利于海洋文化的传承；生态游览型以观赏鲸豚、渔火为主要形式，主要依托台湾丰富的鲸豚资源和海上作业灯光资源，在不同季节、不同天气条件下进行生态观光；渔乡美食型以假日观光鱼市为代表，集观赏、品尝、渔货交易为一体，为游客提供当地特色水产美食；教育文化型以渔村内的海洋文化展示馆、水族馆等海洋科普教育基地为依托，也会定期举办妈祖庆生、王船出行、王船祭等民俗活动，丰富游客的海洋文化体验。

4. 注重人才培养，全面推进海洋教育体系建设

2001 年后，台湾相继发布了《海洋白皮书》《海洋政策白皮书》和《海洋教育政策白皮书》，确立了台湾地区海洋教育未来发展的方向与策略（见表 7 - 5），逐步形成了较为完整的台湾海洋教育体系，主要包括学校和社会两个维度[①]。

在学校维度，重点推行知能教育和专业教育。台湾教育部门将"海洋教育"纳入九年义务教育，将海洋相关知识融入各学习领域中，对学生进行海洋情感培养。此外，还强化水域运动的培养，增强个人海上生存能力。在高中阶段，将"海洋教育"纳入相关必修科目中。根据《海洋教育政策白皮书》，与海洋教育主题相关的授课，在整个高中课程中共约有 22 节，分布在地理、生物、化学等各门各科之中，形成了高中海洋教育的基础。另外，建设苏澳海事、基隆海事、台南海事、东港海事等海洋职业院校和台湾海洋大学、高雄海洋科技大学等海洋高等院校，进行海洋专业人才培养。在职业教育中，将海洋教育细分为水产业、航运管理业、轮机业、渔业和航海业五大主要科目，并随时根据市场需求变化，改变学程机制。在高等教育中，由各所大学根据需要自行开设海洋相关的专业科目或通识科目，重点培养海洋科技研究、资源、海产、航运等方面优秀人才。

在社会维度，重点提升民众的海洋素养，帮助民众跳脱出传统的陆地思维文化限制，从过去的由陆看海思想转变为海陆平衡思想。以各类海洋体验场所、专业教育网站、海洋科研院所为核心，鼓励各层次教育相互结合或联合民间社团、文教基金会、学术机构等民间企业团体，举办海洋科普教育活动。同时建立资源共享的海洋教育资源平台，加速海洋资讯的扩展与交流。

---

① 杜文彬，马勇军. 我国台湾地区海洋教育体系建设及对大陆地区的启示［J］. 当代教育科学，2015（19）：52 - 55.

表7-5　台湾海洋教育相关政策一览表

时间	政策名称	主要内容	意义
2001 年	《海洋白皮书》	指出：教育政策除了应鼓励民众参与建构优质海洋社会外，更需要培育民众具有海洋公民素质并且能够积极投入海洋社会	首次以政府的姿态对台湾提出了应加强海洋研究、重视海洋教育的要求
2006 年	《海洋政策白皮书》	对包括海洋教育在内的各项海洋工作进行了具体的工作方案设计	对《海洋白皮书》的进一步修正
2007 年	《海洋教育政策白皮书》	整合提出台湾海洋教育的政策理念及政策目标，叙明台湾地区海洋教育策略目标及规划具体策略	台湾地区第一部以海洋教育为核心内容的教育性政策文件

资料来源：杜文彬，马勇军. 我国台湾地区海洋教育体系建设及对大陆地区的启示 [J]. 当代教育科学，2015（19）：52-55.

（三）对广东海洋经济发展的启示

台湾坚持可持续发展的理念，从管理机制、海洋保护、产业转型和海洋教育四个方面推动海洋经济发展，其不少做法值得广东借鉴。

首先，广东需坚持保护优先、发展并重的海洋经济发展理念，将海洋环境和海洋资源保护摆在首要位置。完善相关法律约束，在《海洋环境保护法》的基础上，结合地方实际将其进一步细化，形成地方法规，以增强法律管控的可实施性。针对稀缺或濒危的海洋资源，如珊瑚礁、红树林等，可探索建立相应的海洋资源法律保护制度，明确非法开采海洋资源的刑事责任。

其次，台湾通过推动海洋渔业转型，带动了滨海地区农村经济快速发展。广东可将休闲渔业作为海洋渔业新的经济增长点，有计划、有针对性地选择一些重点城市、重点渔港和重点旅游区，加大资金投入，建设一批设施齐全、内涵丰富、特色突出的休闲渔港或渔业社区，植入多样化的功能体验，如运动休闲、渔乡美食、生态游览等，并加强海洋渔业协会的组织引领作用，强化行业自律，提高服务质量。

最后，台湾通过海洋教育体系的全面建设，从学校端与社会端促进海洋专业人才的培养和公众海洋意识的提高。广东可借鉴台湾的相关做法，将海洋相关知识融入中小学课程中，从小培养学生的海洋意识，帮他们建立陆海统筹的世界观。面向社会端，可建立统一的海洋教育资源平台，集宣传、教育、交流为一体，促进资源共享和海洋知识的传播。

五、昆士兰：资源依托、理念先行，全力打造滨海旅游度假胜地

（一）昆士兰海洋经济发展概况

澳大利亚是著名的海洋大国，海域管辖面积为 1 600 万平方公里，超过 85% 的人口都居住在沿海 50 公里以内，其海洋经济在国民经济中占比较高。从海洋产业结构来看，海洋旅游业是澳大利亚海洋经济的重要支柱产业。2015—2016 年，澳大利亚海洋旅游业产值占海洋经济产值比重达 45%，相关就业人数占比达 62%[①]。

昆士兰州是澳大利亚第二大州，面积达 172 万平方公里，也是澳大利亚著名的旅游胜地。位于澳大利亚大陆的东北部，东濒太平洋，西与北部地方及南澳大利亚州相接，南邻新南威尔士州，北濒卡奔塔利亚湾。海洋资源丰富，拥有大小岛屿 900 多个，海岸线总长 9 800 公里。其中，大陆海岸线 7 400 公里，岛屿海岸线 2 400 公里。此外，昆士兰约有 54% 的面积位于南回归线以北，降雨量少，气候温暖、阳光明媚，因此有"阳光之州"的美誉。

依托丰富的海岸、海岛资源和适宜的气候条件，昆士兰大力发展滨海旅游业。其东部沿海一带分布着大堡礁、黄金海岸、阳光海岸、圣灵群岛等知名旅游景点，每年吸引超千万人次的国内外过夜游客，产生超过百亿澳元（折合人民币超 400 亿元[②]）的旅游消费。新冠疫情前，中国已连续三年蝉联该州最大的国际游客来源国。仅 2019 年，就约有 50 万人次的中国游客到访昆士兰，消费总额达 16 亿澳元（折合人民币约 75 亿元）[③]。疫情后，游客在昆士兰停留的时间更长，消费更多。

---

① 周乐萍，孙吉亭. 澳大利亚海洋经济发展分析与展望［R］. 2020.
② 文章中的汇率均按 2023 年 9 月 20 日的汇率进行换算。
③ 中国新闻网. 澳大利亚昆士兰旅游业高层代表团到访广州［EB/OL］.（2023 – 04 – 21）［2024 – 07 – 09］. https://baijiahao. baidu. com/s?id = 1763775873690495953&wfr = spider&for = pc.

澳大利亚旅游研究中心公布的数据显示，从2022年3月至2023年3月，旅游业已为该州创造了179亿澳元（折合人民币约840亿元）的经济价值。

昆士兰之所以能成为国际知名的旅游胜地，除了依托优越的自然地理景观，更离不开其独具特色的建设模式、运营管理模式和先进的发展理念。

（二）昆士兰海洋经济发展经验

1. 空间布局：建设多元化滨海旅游度假区

昆士兰充分利用海岸、海滩、海岛等旅游资源，开发建设不同类型的滨海旅游度假区，形成丰富多元的滨海旅游体系（见表7-6）。其中，都市型主要依托滨海城市，开发建设海港、商业中心和艺术中心等，集都市文化与海洋文化为一体，代表性度假区有布里斯班和凯恩斯等；海岸型依托海滩资源，开发建设主题乐园、海洋公园、水上运动休闲区等，为游客提供多样化的亲海活动空间，代表性度假区有黄金海岸和阳光海岸等；海岛型以自然风光为主，配套建设相应的港口及娱乐设施，主要发展生态观光、户外运动及高端奢华度假，代表性度假区有圣灵群岛和弗雷泽沙岛等。

表7-6 昆士兰代表性滨海旅游度假区一览表

类型	名称	建设特色
都市型	布里斯班	临近南回归线，年均日照7.5小时，享有"阳光之城"的美誉，建有众多植物园、美术馆、艺术中心、创意社区和港口，汇聚艺术、文化与美食于一体
	凯恩斯	接近赤道，四季如春，自然景观迷人，被热带雨林区环绕，建有多所大型商业购物中心、旅游海港和小型主题公园
海岸型	黄金海岸	在海滩、沙地的基础上建设而成，以金黄色的沙滩闻名，因海浪险急而成为冲浪者天堂，并分布着众多主题乐园
	阳光海岸	拥有超过50多公里的海滩、众多国家公园、动物园、海洋公园以及生态农场
海岛型	圣灵群岛	由74座珊瑚小岛组成，建有度假村和婚庆场地，是澳大利亚最受欢迎的蜜月胜地之一
	弗雷泽沙岛	世界上最大的沙岛，拥有亚热带雨林和世界上一半数量的淡水沙丘湖泊，形成独特的自然景观

资料来源：根据昆士兰旅游局公开资料整理而得。

在滨海旅游度假区内部，也建设了主题式、多元化的空间设施，为游客提供丰富多彩的活动体验。以黄金海岸为例，沿线布局了诸多国际水准的度假饭店、海滩和海上休闲区、30多个主题式游乐园、12座热带雨林国家公园以及50座以上的高尔夫球场，还修建了以度假为主题的购物村、购物中心等，为多元活动的开展提供了良好的空间载体（见表7-7）。

表7-7 黄金海岸旅游活动一览表

活动类型	活动内容	空间载体
滨海运动	冲浪、滑水、游泳、滑翔跳伞、摩托艇、沙滩排球、沙滩日光浴、帆船航行等	海上休闲区、海滩
文化活动	海洋生态展览、电影主题体验、音乐会、时装节等	华纳电影世界、海洋世界、梦幻世界等
生态观光	空中缆车、水上芭蕾观赏、生态夜游等	海岛、海滩、生态丛林
休闲购物	购买澳宝、珠宝、手工艺品、时髦服装、皮革制品等	度假购物村、综合购物中心
美食品鉴	品尝海鲜及世界各地风味食品等	兰花大道、度假饭店
其他	高尔夫、远足等	高尔夫球场、国家公园

资料来源：根据网络公开资料整理而得。

2. 运营宣传：以政府为主导进行旅游营销

昆士兰政府非常擅长通过各种推广营销手段，提高当地知名度，由此吸引更多的游客前来旅游观光。其中，"寻找大堡礁的护岛人"被誉为"世界上最成功的旅游营销事件之一"。

大堡礁位于昆士兰以东，巴布亚湾与南回归线之间，由3 000多座珊瑚礁、630个热带岛屿组成，总面积达34.8万平方公里，沿澳大利亚东北岸延伸有2 000多公里，是世界上最大最长的珊瑚礁群，也是澳大利亚人最引以为豪的天然景观。为了宣传大堡礁，撬动当地旅游业的发展，昆士兰旅游局打破寻常的宣传思路，推出"世界上最好的工作：寻找大堡礁的护岛人"招聘活动。为此，还特意搭建了一个名为"世界上最好工作"的招聘网站，面向前五大客源国，提供英语、日语、韩语、中文（简体、台湾繁体、香港繁体）和德语7种语言版本。这份"护岛人"工作轻松简单，每个星期只需上班 12 小时，主要内容是探索大堡礁各个岛屿，包括喂海龟、清洗泳池、担任兼职信差等，并定期将拍摄的照片和视频上传至博客进行分享。招聘条件十分宽松，没有学历要求，对年龄也没有过多限制（只需年满 18 周岁即可）。但待遇优厚，只要做满半年，就能拿到 15 万澳元（折合人民币约 70 万元），还能免费居住在旅游局提供的"无敌海景别墅"内，享有一辆免费的电动高尔夫车作为代步工具，且从居住地到岛上的往返交通费全额报销。

在当时金融危机席卷全球的时代背景下，这份稳定、高薪又惬意的工作瞬间引起了全球关注，美国《纽约时报》、英国《独立报》等国际媒体相继对这份工作进行了报道，一度让招聘网站因访问量剧增而瘫痪。表面上看，受益者是最终入选的大堡礁护岛人，能拥有一份轻松、高薪、令人羡慕的工作，但实际上的最终受益者是昆士兰旅游局。一方面，通过此次招聘活动，大大提高了大堡礁的关注度和知名度；另一方面，护岛人的选拔邀请全球进行投票，对护岛人的关注，使得这一活动效应得以延续，能更好地激发游客对大堡礁的兴趣和向往。据估算，全世界对此次耗资 170 万澳元（折合人民币约 800 万元）的活动反响热烈，其所带来的公关价值高达 7 000 多万美元（折合人民币 5 亿多元）。在此之后，大堡礁每年吸引数百万的游客前来游玩，每年给澳大利亚带来的经济效益超 40 亿美元（折合人民币超 290 亿元）。

3. 理念创新：最早践行"生态旅游"新理念

昆士兰是世界上最早践行"生态旅游"的地区之一。1997 年，昆士兰政府认识到生态旅游可以给本州旅游业、环境和社区带来意想不到的潜在利益，于是开始在全州推行生态旅游，重点通过生态旅游认证和生态旅游管理，使生态旅游真正落到实处，实现经济、社会、环境的可持续发展。

生态旅游认证是指为避免伪生态旅游和生态旅游泛化问题，遵循一定的标准，对符合生态旅游标准的产品或景点进行认定和持续监测。为此，昆士兰制订了专门的生态旅游认证计划，确定了该州生态旅游的 5 个主要目标，即环境的保护和管理、发展生态旅游业、基础设施建设、社区的发展、调查研究，以及与之相关的 54 个认证计划，包括集中开发生态旅游地区、确保国家公园的生态旅游基础设施遵从《公园总体规划》中界定的环境分类意向等①。每个认证计划都有专门的机构或股东集团负责实施，并引入监督和年度评审程序，由昆士兰旅游局每年向内阁汇报实施进度。

在生态旅游管理方面，昆士兰以法律法规为保障，以海洋公园分区管控为约束，对海洋生态环境进行保护和选择性开发。以大堡礁海洋公园为例，澳大利亚和昆士兰政府相继制定并颁布了《大堡礁海洋公园法》《大堡礁海洋公园法（环境管理消费税）》《大堡礁海洋公园（水产业）条例》等法律法规，建立起相对完善的遗产保护和旅游管理法规体系②。此外，昆士兰实行分区管控计划，将大堡礁海洋公园分为 8 个分区，对包括旅游业在内的一系列活动进行限制，规定了游客可以到哪里、可以做什么以及其他进入限制，并规定旅游经营者必须有许可证才能在海洋公园内开展经营活动（见表 7-8）。相关举措尽最大的可能将经济利益最大化，也尽可能地保护生态环境，减少人类活动的干扰。

表 7-8　大堡礁海洋公园分区及旅游活动限制

活动	一般利用区	栖息地保护区	原生自然保护区	缓冲区	科学研究区	海洋国家公园区	严格自然保护区	河口保护区
游船、摄影	√	√	√	√	√	√	√	√
有限制地收集	√	√	√	×	×	×	×	√
有限制地海钓	√	√	√	×	×	×	×	√
游憩项目	许可证	许可证	许可证	许可证	许可证	许可证	×	许可证

资料来源：张妍. 澳大利亚大堡礁分区管理对我国国家公园建设的启示 [J]. 旅游纵览（下半月），2018（8）：54-55.

（三）　对广东海洋经济发展的启示

广东拥有全国最长的海岸线，海洋旅游资源丰富，滨海旅游业也是广东海洋经济的重要组成部分。广东可借鉴昆士兰的滨海旅游发展经验，进一步提升海洋经济发展能级。

---

①　江宁，陈建明. 浅谈中国地方生态旅游认证项目框架的构建：借鉴澳大利亚昆士兰州生态旅游认证的经验 [J]. 林业经济问题，2007（2）：181-184.

②　邓明艳. 国外世界遗产保护与旅游管理方法的启示：以澳大利亚大堡礁为例 [J]. 生态经济，2005（12）：76-79.

在滨海旅游营销方面，昆士兰旅游局承担了全州的旅游营销宣传工作，运用别出心裁的营销方式，成功提升了昆士兰的旅游知名度。相比于昆士兰，广东大部分地区缺乏对旅游营销的重视，尤其是欠发达地区缺乏旅游包装能力，对游客吸引力不足，造成地区发展不平衡现象。相关部门可借鉴昆士兰的做法，由专业的部门或机构统筹全省的旅游营销，将全省旅游资源进行有效整合和推广，从各个景区单打独斗转变为协同治理，扩大全省滨海旅游影响力。在滨海生态旅游方面，昆士兰建立了专门的生态旅游认证计划，对生态旅游进行认证和监督，能有效避免伪生态问题。广东目前缺乏专业的生态旅游认证体系，存在诸多伪生态和泛生态旅游现象，应尽快建立相应的生态旅游认证体系和计划，充分利用海岛、海岸资源，集中在沿海一带打造一批特色化的滨海生态旅游度假区。

第八章　国内外城市群层面海洋经济发展经验

一、东京湾区：港口驱动，引领湾区海洋经济发展

（一）东京湾区概述

1. 基本情况

东京湾区地处日本关东地区，因日本首都东京位于湾边而得名，南北长 80 公里，东西宽 20～30 公里，湾口宽仅 6 公里，是一个纵深 80 余公里的优良港湾。湾区范围包括"一都三县"，即东京都、神奈川县、千叶县和埼玉县，陆地面积 1.36 万平方公里，岸线总长约 1 650 公里，海域面积 1 320 平方公里。湾区内有东京、横滨、川崎、船桥、千叶 5 个大城市，人口近 3 700 万，地区生产总值约 1.7 万亿美元，其经济总量和人口均占全国的 1/3①。其临港产业占地约 11 万公顷，集中了日本主要工业部门，包括钢铁、石油化工、机械制造、电子、汽车船舶制造等②。东京湾区是日本规模最大的工业产业集聚区，同时也具备国际金融、交通、商贸

---

① 卢文彬. 东京湾区经济发展 [M] //卢文彬. 湾区经济：探索与实践. 北京：社会科学文献出版社，2018：134－156. [2024－02－19]. https://xianxiao. ssap. com. cn/catalog/2243653. html.

② 高田义，汪寿阳，乔晗，等. 国际标杆区域海洋经济发展比较研究 [J]. 科技促进发展，2016（2）：185－195.

和消费功能，在世界范围内具有较大的影响力①。此外，它还扮演着日本重要的能源基地、国际贸易和物流中心的角色，是日本的政治、经济和产业中心，也是世界上经济最发达、城市化水平最高的城市群之一。

2. 海洋经济发展情况

为了应对国土面积狭小的问题，日本自 20 世纪 60 年代起就始终关注着海洋开发，并积极实施"海洋立国"战略②。2004 年，日本发布了首部关于海洋经济的白皮书，明确提出全面管理海洋的目标。随后，日本相继通过了一系列法律法规，包括《海洋与日本：21 世纪海洋政策建议》《海洋基本法案》《海洋基本计划》等，针对海洋保护与开发制定了行动框架，确定了基本原则与重点行动领域③。

作为日本最重要的经济集聚区，东京湾在向海发展过程中逐步形成了以港口及海运业、造船业和海洋渔业等类型为主导的海洋产业体系。特别是在港口与海运业方面，由于日本经济高度依赖对外贸易，海运业在国民经济发展中具有举足轻重的地位，承担了日本近九成的能源、矿石、大宗农产品和工业产品的进出口需求④。海洋交通运输业（又称"日本海运业"）也由此成为日本海洋产业的主导产业之一，也是东京湾区海洋经济的主导产业。

东京湾是一个标准的天然良港孕育地——深入陆地 60 公里，具有口窄湾阔的条件，由此形成了最理想的港口聚集地。自隅田川入海口开始，沿海湾顶端形成了横滨港、东京港、千叶港、川崎港、木更津港、横须贺港六个港口首尾相连的马蹄形港口群⑤。港口群年吞吐量超过 5 亿吨，货物吞吐量占到全日本的四成，原油进口量占到三成，液化天然气占到五成。庞大港口群支撑了京滨、京叶两大工业带的崛起，促进了产业和人口的大规模集聚，促进了以东京都为核心的湾区都

① 张胜磊. 粤港澳大湾区发展路径和建设战略探讨：基于世界三大湾区的对比分析 [J]. 中国发展，2018，18（3）：53 – 59.

② 吴崇伯，姚云贵. 日本海洋经济发展以及与中国的竞争合作 [J]. 现代日本经济，2018，37（6）：59 – 68.

③ 朱寿佳，代欣召. 国内外典型湾区经验对粤港澳大湾区海洋经济发展的启示 [J]. 经济师，2022（4）：23 – 25.

④ 孙建捷. 粤港澳大湾区，中国经济新的增长极：粤港澳大湾区与世界湾区经济研究 [J]. 住宅与房地产，2021（8）：73 – 80.

⑤ 卢文彬. 东京湾区经济发展 [M] // 卢文彬. 湾区经济：探索与实践. 北京：社会科学文献出版社，2018：134 – 156. [2024 – 02 – 19]. https://xianxiao.ssap.com.cn/catalog/2243653.html.

市圈经济的繁荣发展。

（二）东京湾区海洋经济发展经验

东京湾区基于独特的海湾环境和明显的区位优势，形成了以大型港口为依托，以扩宽经济腹地范围为基础的湾区海洋经济发展格局。其中港口作为东京湾区不可或缺的核心元素，是带动经济起飞的关键，也是协同合作的难点。东京湾区通过各大港口之间的协同合作、海洋经济腹地的延伸、政府的强力引导，实现了湾区以港口为核心的海洋经济协同发展。

1. 错位整合，推动湾区港口群一体化发展

20 世纪五六十年代，东京湾区各港口不仅存在同质竞争而且由于各自为战、缺乏统一管理，导致各港口经常出现大批货船拥堵的情况。面对这一问题，日本政府于 1951 年出台《港湾法》，强化政府在港口统筹规划中的职能。根据该法要求，日本中央政府（运输省）负责制订全国港口发展的五年计划，统筹协调国家港口发展规模，制定相关政策，各地港口管理机构负责制订详细规划。日本随后成立了运输省港湾局，并于 1967 年提出了《东京湾港湾计划的基本构想》。该计划建议将东京港、千叶港、川崎港、横滨港、横须贺港、木更津港六大港口整合，根据各自现状及特点确定相应分工，并联动形成广域港湾①。日本政府通过政策与制度的顶层设计，确保各个港口之间形成互利共赢的合作关系，发挥各自优势，避免恶性竞争。经过多年的发展，东京湾区形成了鲜明的职能分工体系。其中东京港为湾区吞吐量最大的国际集装箱战略港，横滨港为重要的国际贸易港口，千叶港为工业型特定重要港口，川崎港为湾区特定的能源供应重要港口，木更津港主要为地方商贸和旅游服务，属于重要港口，横须贺港则为主要的军事港口（见表 8 - 1)②。各主要港口根据自身优势和发展基础，以合作共赢、功能互补为原则，在保持相对独立经营的情况下，差异化承担不同的职能，形成功能协同的湾区城市群③。同时结合统一的港口管理，湾区六大港口实现了整体对外竞争，形成了一

---

① 陈建军，周斌. 上海港和宁波—舟山港的整合研究 [J]. 南通大学学报（社会科学版），2009，25（1）：1 - 8.

② 逯新红. 国际典型海洋经济集聚区发展经验 [J]. 中国投资（中英文），2020（Z0）：47 - 51.

③ 王宪明. 日本东京湾港口群的发展研究及启示 [J]. 国家行政学院学报，2008（1）：99 - 102.

个多功能的复合港口群，提升了整个湾区港口的影响力与竞争力。

表 8-1　东京湾区港口职能一览表

港口名称	港口级别	港口职能
东京港	国际集装箱战略港	输入型港口，商品进出口港，内贸港口，集装箱港
横滨港	特定重要港口	国际贸易港，工业品输出港，集装箱货物集散港
千叶港	特定重要港口	原料输入港，工业港
川崎港	特定重要港口	原料进口与成品输出
木更津港	重要港口	地方商港和旅游港
横须贺港	重要港口	军港兼贸易

资料来源：王建红. 日本东京湾区港口群的主要港口职能分工及启示 [J]. 中国港湾建设，2008 (1)：63-66，70.

2. 陆海统筹，以港口经济为基础延伸海洋经济腹地

通过产业转移，扩展海洋经济腹地。在整合港口的同时，东京湾区依托港口的运输优势，通过工业集聚，将原材料进口—生产加工—出口的全链条集中在港口周围，形成了以京滨工业带与京叶工业带为两翼的临港工业格局。而后，随着产业的升级，湾区的临港工业逐渐从城市中心向外围迁移，服务业则主要布局在以东京为中心的湾区核心区域，形成了以东京都为核心，神奈川县、千叶县、埼玉县三县为外围的"中心区域—次中心区域—郊区区域—较边远的其他县镇区域"的"多核多中心"的空间发展模式。这种由内向外的产业转移，不仅使东京湾区内部各城市之间实现了产业差异化、协同化发展，推动了湾区的产业升级，也扩大了湾区海洋经济的腹地，使大陆经济成为海洋经济的延伸，为湾区的经济提供了更广泛的发挥空间，实现了海洋经济与大陆经济的有机结合。

完善的交通网络使得陆域经济与海洋经济互联互通，生产要素可以跨区自由流动。东京湾区通过建设涵盖铁路、高速公路、水上交通、航空和地铁的纵横交错、四通八达一体化发达交通网络，实现了湾区各港口与城市腹地的快速连通，有力地促进了湾区内港口与港口之间、港口与城市之间、城市与城市之间、沿海与腹地之间物流、人口、技术和资金等要素的高效自由流动，形成以港口为点向内延伸串联的经济网络，促进了港口经济与内陆经济协同发展，延伸了东京湾海洋经济腹地。

3. 政府调控，加强湾区城市协同发展

作为政府主导型国家，日本政府在东京湾的协同发展中扮演了重要的角色。中央政府通过整体规划调控、系统性资金保障与自上而下的法规政策，实现了湾区的协同发展。

规划调控方面，为了保证各城市间的战略协作，从 20 世纪 60 年代开始，日本中央政府为东京湾区制订了多轮统一规划，包括土地层面的整备计划、综合性的开发规划和基本规划以及战略性的湾区构想。这些规划在时间尺度上保持了整体目标的延续性，对湾区各个城市的功能定位、空间结构、产业发展、开发建设等方面进行了统筹安排和布局，有效地解决了湾区在协同发展进程中因人口、资源和城市功能过渡集聚而产生的各种问题，推动了东京城市功能和相关产业向周边城市的扩散、转移，形成了城市功能协同、产业分工明确的湾区一体化城市功能格局①。

资金保障方面，日本中央政府为了促进周边地区的开发建设，鼓励相关企业向城市外围扩散，出台了一系列配套的财政金融政策，如通过减免搬迁企业的所得税、转移部分税收给企业迁入所在地政府，推动企业向周边地区迁移；通过发放产业转移专项贷款、制定周边地区开发特定税制优惠、减免新开发地区地方政府债券利息等财政金融政策，支撑周边地区的开发建设。此外，以政府政策投资银行为代表的日本政策性金融机构也通过发行针对性专项贷款和导向性贷款②，协同中央政府，引导整个湾区的空间建设和管理。在政府的一系列政策强力引导下，湾区内早期得以有效疏解过度集聚的中心城区功能，使湾区各城市功能和产业能够以湾区为核心从内向外逐步扩散延伸，形成特色鲜明、分工协同、错位发展的湾区城市发展格局。

法规政策方面，东京湾区的产业、港口、城市功能的发展和调整，都有相应完善的法律体系保障。在东京湾区发展过程中，政府根据发展阶段的不同，及时制定、调整、完善相应的法律体系，以适应东京湾区经济发展要求。如在土地开发方面，日本中央政府在 1956 年制定出台了《首都圈整备法》，开始对东京湾区的土地开发进行的统筹管理；而后根据湾区开发建设过程中面临的问题，相继在

---

① 沈润森，潘苏. 探析东京湾区建设经验对粤港澳大湾区发展的启示 [J]. 特区经济，2021（2）：32 – 35.

② 徐海贤. 省级都市圈高位协调机构的建立与实施机制 [J]. 城市规划，2007（11）：27 – 32.

1958 年、1986 年出台了《首都圈市街地开发区域整备法》《多极分散型国土形成促进法》，完善湾区土地开发建设相关要求①。相关政策有力地促进了东京湾区内部各级县市间的政府协作，从而加快推动了东京湾区整体产业和城市功能的合理布局。

（三） 对珠三角城市群海洋经济发展的启示

在政府主导的统筹协调下，东京湾区协调各大港口的功能，实现了陆海经济的统筹发展，这些向海发展过程中的相关经验能够为我国海洋经济发展提供有力的借鉴，值得珠三角城市群深入学习与参考。

一是要重点整合湾区港口功能体系，打造功能协同的国际性枢纽港口群。珠三角城市群和东京湾区一样，拥有着广州港、深圳港、惠州港等众多优良港口，但由于各港口的腹地空间缺乏统筹，致使港口间竞争日益加剧，部分港口采取政府补贴或压缩企业利润空间等形式压低价格，以便争夺港口生产资源。针对上述问题，需以港口为核心进行统一规划，根据各港口的自然条件、地理优势、经济腹地等因素，明确各港口的功能定位，避免港口的无序竞争、重复建设等问题，形成大中小港口规模合理、功能协调、空间布局科学的港口群，提升港口投资效应和运营效益。

二是要加强港口基础设施建设，以港口为核心打造多式联运的集散网络，扩大港口经济影响腹地。规划铁路、高等级公路与重要港区连接，实现港口与铁路、公路陆上通道互通；规划内河高等级航道主通道与沿海港口连接，实现内河港口与沿海港口水上通道连通。以铁水联运、江海联运等为重点，大力发展以港口为枢纽的多式联运，打造经济、高效、便捷的集疏运通道，延伸海洋经济发展腹地。

二、旧金山湾区：三产引领，打造世界领先海洋经济湾区

（一） 旧金山湾区概述

1. 基本情况

旧金山湾区是位于美国西海岸加利福尼亚州北部的一个以高科技发展为主的

---

① 张辉，李巧莎. 日本首都圈的建设及其对京津冀都市圈建设的启示 ［J］. 日本问题研究，2007（4）：20 – 23.

滨海湾区，也是"硅谷"（Silicon Valley）所在地。湾区西邻太平洋，东接海岸山脉和内华达山脉，拥有一个既广且深的旧金山海湾，并且连通着萨克拉门托河和圣华金河这两个加州最重要的水系，通过金门海峡与太平洋相连。湾区共含9县、101个城镇，陆地面积18 040平方公里，人口超过770万人，2019年GDP约为0.89万亿美元。旧金山湾区是依托新兴产业带动金融、旅游以及其他服务业发展壮大的知识密集型、科技创新型湾区，也是全球知名的人才、科技、创业资本优质要素集聚中心。区域内互通互联，地区差异定位鲜明，产业功能有效区分。其中，科技创新主要集中在"南湾"的硅谷片区，总部服务主要集中在旧金山市，港口贸易主要集中在"东湾"的奥克兰片区，旅游消费主要集中在"北湾"的农场片区、旧金山市的金门大桥和硅谷片区[①]。

2. 海洋经济发展概况

旧金山湾区既是美国西海岸的一个重要的经济中心，也是一个具有创新经济特色的海洋经济集聚区[②]。湾区内拥有多个大型港口，如旧金山港、奥克兰港、里士满港等，是美国太平洋沿岸最繁忙的港口群之一，也是美国与亚洲贸易的重要枢纽。湾区依托港口、科研技术以及优美的自然风光优势，集聚了大量的科研机构、创新人才和高新技术企业，形成了以创新为引领的海洋经济集聚区。根据美国国家海洋和大气管理局（NOAA）公布的相关海洋经济统计数据（见图8-1），旧金山湾区海洋经济生产总值从2016的465.89亿美元上升至2019年的524.01亿美元，2020年受疫情影响，海洋经济生产总值下降至418.67亿美元。海洋经济生产总值占区域生产总值比重虽然从2016年的1.75%下降至2020年的1.39%，但抛开2020年疫情影响，其海洋经济生产总值占区域生产总值总体稳定在1.7%左右。

分析旧金山湾区海洋经济产业结构可知[③]（见表8-2），旧金山湾区海洋经济主要以海洋交通运输业和海洋旅游与休闲业为代表的海洋第三产业为主，分别占

---

① 卢文彬. 旧金山湾区经济发展［M］//卢文彬. 湾区经济：探索与实践. 北京：社会科学文献出版社，2018：114-133. ［2024-02-19］. https://xianxiao.ssap.com.cn/catalog/2243585.html.

② 逯新红. 国际典型海洋经济集聚区发展经验［J］. 中国投资（中英文），2020（Z0）：47-51.

③ 根据美国国家海洋经济计划（NOEP），海洋经济是指来自海洋（或五大湖），且其资源直接或间接投入经济活动中的产品或服务，在经济统计主要包括海洋矿业、滨海旅游娱乐业、海洋交通运输业、船舶制造业、海洋生物资源业、海洋建筑业六大行业。

湾区海洋经济总产值的 42. 77% 和 44. 27% ；海洋建筑业、海洋生物资源业、海洋矿业和海洋船舶制造等产业生产总值较低，均不足海洋经济生产总值的 5% 。湾区内拥有诸多著名的旅游景点，其中始建于 1919 年的加州一号公路，途经加州太平洋西岸 12 个县和 200 多个景点，串联了 6 大主题旅游园区，形成了完善的滨海旅游产业带，满足了人们多样化的需求，被美国国家地理评为"十大风景绝美的沿海公路之一"和"人生必去的 20 个景点之一"，被欧洲旅游协会评为"世上最漂亮的十大旅游公路"之一，吸引了来自全球的游客①。

此外，旧金山湾区作为美国乃至全球最具创新力的地区之一，拥有诸多世界著名高等院校，如斯坦福大学、加州大学伯克利分校，集聚了众多高科技企业和科研机构，在航空、生物医药、新材料等领域布局了多个研究中心②。其中在海洋领域拥有目前世界上规模最大的海洋研究所——斯克里普斯海洋学研究所，在海洋生物医药、海洋新能源等方面有着显著的创新优势，湾区依托发达的创新资源，海洋创新产业蓬勃发展，形成了海洋工程、海洋能源、海洋环境、海洋生物医药等优势海洋经济创新产业。

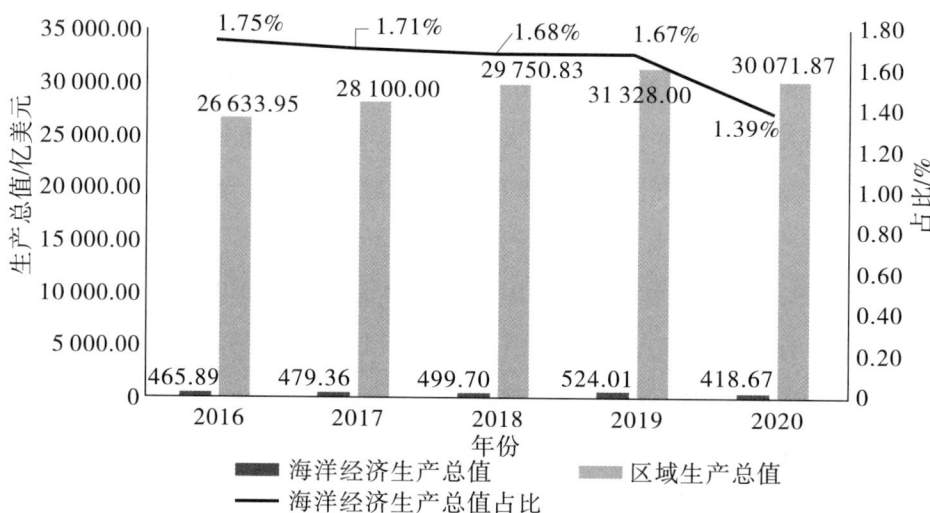

图 8-1 旧金山湾区海洋经济总量及占区域生产总值比例

数据来源：美国国家海洋和大气管理局（NOAA）. https：//coast. noaa. gov.

---

① 肖宁. 滨海旅游公路设计理念研究 [D]. 广州：华南理工大学，2019.

② 高田义，汪寿阳，乔晗，等. 国际标杆区域海洋经济发展比较研究 [J]. 科技促进发展，2016（2）：185 - 195.

表 8 - 2　旧金山湾区的海洋经济产业构成一览表

名称	海洋经济中各产业占比/%				
	2016 年	2017 年	2018 年	2019 年	2020 年
海洋建筑业	2.13	2.49	3.02	3.31	4.28
海洋生物资源业	2.28	2.31	2.42	2.54	2.97
海洋矿业	5.43	4.83	4.52	3.83	3.43
海洋船舶制造业	2.79	2.56	2.53	2.36	2.29
滨海旅游娱乐业	53.45	53.77	52.82	53.14	44.27
海洋交通运输业	33.92	34.04	34.70	34.82	42.77

数据来源：美国国家海洋和大气管理局（NOAA）. https：//coast. noaa. gov.

（二）旧金山湾区海洋经济发展经验

历经上百年的发展变迁，旧金山湾区已从早期的港口经济、工业经济阶段迈入了创新经济发展阶段。港口和大规模加工制造业在湾区发展中作用式微，创新型海洋产业和滨海旅游和休闲业等产业类型得到了迅猛发展，使得旧金山湾区成为国际著名海洋产业集聚区。

1. 分工明确，差异化打造海洋经济第三产业发展格局

旧金山湾区通过针对性的产业布局和发展策略，差异化引导湾区各城市海洋经济由第二产业向以滨海旅游业、金融业、海洋交通运输业为主的海洋第三产业发展，形成了以海洋第三产业为主导的海洋经济发展格局。其中，旧金山依托优越的生态自然资源，重点发展以滨海旅游、金融业等现代服务业为主导的产业，并且在长期的发展历程中，形成了比较稳定的发展水平；奥克兰作为湾区的重要港口城市，依托港口优势，重点发展海洋交通运输业；圣何塞则由于拥有丰富的创新资源，为湾区的海洋生物医药、海洋电子信息的发展提供了相应的创新服务支撑，成为湾区海洋高新技术发展集聚区。湾区各城市基于各自发展基础和湾区城市职能定位，因地制宜制定了相应的产业发展策略，打造各自城市名片，形成了差异化的海洋经济第三产业发展格局。

2. 科技助推，促进滨海旅游业持续、稳定发展

旧金山湾区作为全球最重要的科技创新中心，其科技创新对湾区滨海旅游业的发展起到了积极的支撑作用。首先，湾区通过相关科技的创新和应用为滨海旅

游业提供了先进的技术和服务，支撑滨海旅游业提供更智能化、便捷化的服务，为滨海旅游业发展带来了便利，增加了预期旅游接待量和旅游服务。其次，科技产业的繁荣不仅促进了湾区经济的增长，还吸引了大量的国际和国内游客，为滨海旅游业带来了客源的增加[①]。最后，湾区还通过科技创新为湾区的旅游业注入了新的元素。例如，通过植入科技展览、科技主题的旅游活动和创新体验项目吸引了对科技感兴趣的游客，为湾区滨海旅游提供了更多的旅游选择，使得游客能够在旅途中更好地了解和体验科技的魅力。

3. 创新驱动，推动湾区海洋经济转型升级

海洋经济的发展依托海洋资源，其特点是开发难度大，且对资金和技术具有更高的需求。特别是对于新兴海洋产业，更需要通过创新技术，推动其向高附加值领域发展。为了推动传统海洋产业逐步向新兴海洋产业发展，美国在 2013 年发布了《国家海洋政策》，从国家层面提出了全国海洋经济创新发展要求。旧金山湾区为加快湾区海洋新兴产业发展，推动湾区海洋经济转型升级，依托湾区创新基础优势，以高新技术为引领，借助众多一流大学提供的创新性、国际化人才，结合创新科技金融体系，实施有利于自主创新的政策措施，助推和引领了海洋生物医药、海洋新能源等领域的海洋高新技术的快速发展，吸引了大量海洋高新技术领域的中小企业集聚，成功将湾区打造成为海洋新兴产业发展高地。

4. 生态修复，打造湾区韧性海岸

海洋生态环境是海洋经济发展的基础，需予以重视。旧金山湾区由于早期过度填海及修筑堤坝，导致沿海湿地仅剩 10% 左右。为有效恢复生态受损区域，支撑湾区滨海旅游业的发展，旧金山湾区联合科研院所制订湾区整体湿地修复规划。从 1970 到 1980 的 11 年间，湾区实验性地开展湿地修复项目，从 1980 到 1990 年，湾区系统性地制订了湿地修复计划，共修复湿地 34 处，湿地生态系统健康得到了有效保障[②]。

2021 年 5 月，旧金山湾区规划与城市研究协会（SPUR）发布《旧金山湾海岸线适应性改造图集：与自然协作，为海平面上升而规划》，作为湾区海岸线韧性规

① 吴开军，吴来娣. 世界著名湾区旅游业发展比较及对粤港澳大湾区旅游业的启示 [J]. 城市观察，2019（5）：96 - 107.

② 郑淑娴，黄华梅，倪锦锋，等. 国际经验对完善粤港澳大湾区海岸带生态修复制度的启示 [J]. 海洋世界，2023（1）：48 - 57.

划专项，旨在维护湾区韧性，全面提升湾区在防洪、交通、公共空间、土地利用以及生态保育修复等方面的能力。规划首先从海平面潜在风险、水动力与泥沙沉积分析以及海湾主要地貌等方面综合评估陆海形态。然后，基于海湾的陆海特征划定 30 个管理单元，作为规划研究、策略设计、传导实施的基本单元。针对特定类型的景观管理单元内的具体情况制定修复策略与管理机制，并进一步将 30 个管理单元分为 12 类，结合每个单元的具体情况和区域的生态、发展目标，进行适应性的生态修复行动，并讨论和评估每项措施的适用程度。

一系列的生态修复措施，使旧金山湾区的环境治理取得了巨大的成效，全面提升湾区在防洪、交通、公共空间、土地利用以及生态保育修复等方面的能力，支撑了海岸带地区的高质量发展。

（三） 对珠三角城市群海洋经济发展的启示

珠三角城市群拥有广阔的海岸线资源，与旧金山湾区拥有诸多的相似之处。首先，在行政区划上，二者都是由多个地方行政单元组成的大都市区空间，是全国重要的经济活动载体。其次，在自然资源方面，二者都呈现出三面环山、一面临海的特点，拥有良好的海洋自然资源禀赋。最后，在科技创新方面，珠三角城市群和旧金山湾区一样，是全国创新要素和资源高度集聚的地区之一，集聚了大量的高新技术企业和科研机构，拥有强大的成果创业化能力和产业配套能力，产业创新趋势强劲①。因此，旧金山湾区能够为珠三角城市群的海洋经济发展提供重要的借鉴。

一是要注重滨海旅游业的发展，打造高质量滨海旅游区。一方面，充分利用滨海旅游资源，通过规划建设滨海旅游公路，串联珠三角城市群各城市优美的滨海旅游区和特色旅游资源，打造高品质的滨海公路旅游带；另一方面，充分利用港口资源，串联海岛、海域资源，打造珠三角特色航线。二是要发挥珠三角城市群的创新优势，引导和促进海洋高新技术产业发展。以海洋生物医药、海洋能源为代表的海洋新兴产业已经成为海洋经济发展的重点，旧金山湾区通过一系列创新支撑政策，引导湾区建设成为海洋创新高地，成为世界海洋创新产业发展标杆。珠三角城市群和旧金山湾区一样，拥有丰富的创新资源，要积极制定相应的政策，

---

① 林贡钦，徐广林. 国外著名湾区发展经验及对我国的启示 [J]. 深圳大学学报（人文社会科学版），2017，34（5）：25－31.

充分发挥海洋科研院所的能力，加大海洋科技领域资金投入力度，支持海洋领域专家探索海洋高新技术，通过建设各种形式的海洋科技园区，提升海洋科技转化能力，以高端海洋科技引领海洋经济发展。三是要注重海洋环境保护，保护岸线和海岛资源。优良的海洋环境是滨海旅游等海洋经济活动的基础，珠三角城市群要积极谋划推动区域海岸带自然资源调查、灾害风险评估、生态环境评价等基础性工作，探索适应性规划方案，引领海岸带地区的高质量发展。

三、墨西哥湾区：生态修复，筑牢海洋经济发展基础

（一）墨西哥湾区概述

1. 基本情况

墨西哥湾区由得克萨斯州、路易斯安那州、密西西比州、亚拉巴马州以及佛罗里达州（墨西哥湾沿岸）五个州组成，地处美国南部地区。因为其经济活动的繁荣以及人口的聚集，墨西哥湾沿岸地区有时候也被称为美国的第三岸，是美国的一个主要经济地区，属于美国南部海洋经济区之一[①]。其所属的南部海洋经济区是美国重要的海洋经济区，海洋经济生产总值占了全国海洋经济生产总值49.2%[②]。

作为美国重要的海洋经济区，墨西哥湾拥有丰富的石油、天然气、渔业和旅游景观资源，各地区基于当地的海洋资源，形成了以能源、石化及石化相关产业、渔业、旅游业为主的海洋产业集聚区。其中仅墨西哥湾离岸油气生产平台大约为美国提供25%的原油产量以及15%的天然气产量[③]。丰富的油气资源和便捷交通区位优势使墨西哥湾区成为美国重要的石化产业基地。得克萨斯州与路易斯安那州沿海的沼泽地则为当地的海岸生物提供了丰富的生长空间，因此湾区内还有着非常发达的近海捕鱼及捕虾业。而南路易斯安那港和休斯敦港作为货物吞吐量世界前十的港口，也为湾区的交通运输发展提供了重要支撑。佛罗里达州则拥有丰富的滨海旅游资源，是美国本土第一大度假胜地[④]。

---

① 杜德斌. 世界经济地理［M］. 北京：高等教育出版社，2009.

② 张耀光，王涌，胡伟，等. 美国海洋经济现状特征与区域海洋经济差异分析［J］. 世界地理研究，2017，26（3）：39－45.

③ 蒋元涛. 南海经济圈的构建设想及海洋产业选择：来自国外及我国四大经济圈的启示［J］. 华南理工大学学报（社会科学版），2017，19（1）：26－36.

④ 张耀光. 美国海洋经济地理学［M］. 北京：科学出版社，2015.

2. 海洋经济发展概况

根据美国国家海洋和大气管理局（NOAA）公布的相关海洋经济统计数据（见图 8 - 2），墨西哥湾区海洋经济生产总值从 2016 年的 953.42 亿美元上升至 2019 年的 1 163.63 亿美元，2020 年受疫情影响，海洋经济生产总值下降至 750.11 亿美元。海洋经济生产总值占区域生产总值比重虽然从 2016 年的 3.14% 上升至 2018 年的 3.54% 后有所回落，但抛开 2020 年疫情影响，其海洋经济生产总值占区域生产总值总体稳定在 3.2% 左右。

从具体的海洋经济产业构成来看（见表 8 - 3），墨西哥湾区海洋经济产业以矿业和滨海旅游娱乐业为主，其中海洋油气开采带来的 GDP 增加值占海洋经济总量的 70%，体现了海洋矿业在墨西哥湾区占据的绝对主导地位。此外作为美国南部重要的滨海旅游区域，墨西哥湾区滨海旅游娱乐业占海洋生产总值的 15% 左右，拥有大弯国家公园、休斯敦航天中心等多个知名景点。

在墨西哥湾区各州中，德克萨斯州的海洋经济生产总值达 802.06 亿美元，占墨西哥湾区海洋经济生产总值的近 68.93%，是墨西哥湾区也是全国海洋经济生产总值最高的州。该州海洋经济生产总值占州经济生产总值的 4.35%，人均海洋经济生产总值达 2 715 美元/人，海洋经济密度达 115 301.06 美元/平方公里（见表 8 - 4）。

图 8 - 2　墨西哥湾区海洋经济总量及占区域生产总值比例

数据来源：美国国家海洋和大气管理局（NOAA）. https：//coast. noaa. gov.

表 8 - 3　墨西哥湾区海洋产业构成

产业类型	海洋经济中各产业占比/%				
	2016 年	2017 年	2018 年	2019 年	2020 年
海洋建筑业	2.00	2.05	1.88	1.88	3.34
海洋生物资源业	1.89	1.83	1.58	1.58	2.39
海洋矿业	65.31	67.80	70.49	70.49	56.55
海洋船舶制造业	4.39	3.92	3.42	3.42	4.52
滨海旅游娱乐业	15.93	14.72	13.34	13.34	18.94
海洋交通运输业	10.48	9.69	9.29	9.29	14.27
合计	100.00	100.00	100.00	100.00	100.00

数据来源：美国国家海洋和大气管理局（NOAA）. https：//coast. noaa. gov.

表 8 - 4　2019 年墨西哥湾区海洋经济特征

地区	海洋经济特征					合计
	亚拉巴马州	佛罗里达州（墨西哥湾沿岸）	路易斯安那州	密西西比州	德克萨斯州	
面积/平方公里	153 909		134 264	125 434	695 621	
海岸带/公里	977		12 426	578	5 406	
人口/人	5 432 215		5 335 197	3 357 998	29 539 315	
海洋经济产值/亿美元	22.51	182.95	132.02	24.09	802.06	1 163.63
州经济生产总值/亿美元	2 281.43	11 065	2 569.19	1 159.71	18 438	35 513.33
海洋经济生产总值占州经济总值的比例/%	0.99	1.65	5.14	2.08	4.35	14.21
人均海洋经济产值/（美元/人）	414		2 475	717	2 715	
海洋经济密度/（美元/平方公里）	14 622.61		98 330.6	19 206.43	115 301.06	
各州海洋经济产值占比/%	1.93	15.72	11.35	2.07	68.93	

数据来源：美国国家海洋和大气管理局（NOAA）. https：//coast. noaa. gov.

（二）墨西哥湾区海洋经济发展经验

墨西哥湾作为美国海洋经济发展重要区域，拥有丰富的海洋油气、海产品等相关海洋资源，虽然资源优势带动了沿岸五州的经济，但湾区沿岸的环境也因资源的开发利用变得十分脆弱。特别是几次海油泄露事件给湾区的生态环境带来了极大的破坏，为改善和修复湾区的生态环境，保障海洋经济的可持续发展，墨西哥湾区通过出台了一系列措施，有效地保障了湾区生态修复相关工作的开展和实施。

1. 制定区域性的海岸带生态修复法规，从立法层面保障大湾区海岸带生态修复的实施和监管

为降低墨西哥湾区船舶和海洋石油勘探开发等带来的海洋生态污染，美国政府陆续制定了相关的法律法规，从立法层面保障湾区海岸带生态修复的实施和监管。其中，在1990年借助墨西哥湾溢油事件，建立起墨西哥湾溢油响应基金，运行"海湾海岸索赔工具（GCCF）"方案，实施美国《1990年油污法》（OPA90），重点围绕"防止船舶和海洋勘探开发"所带来的海洋生态污染，建立了较系统的船舶海洋溢油污染的生态补偿机制，赋予美国海洋和大气管理局及其他机构处理油污生态损害的权力，还明确了石油污染的责任、赔偿、资金等。2010年4月，由于"深水地平线"钻井平台发生爆炸，造成墨西哥湾发生重大的原油泄漏事故，对湾区的生态环境造成了严重的破坏。为保障长期有效地恢复墨西哥湾生态环境，2012年6月29日美国国会通过了《墨西哥湾恢复法》，7月6日奥巴马签署该法案。该法案明确从三个方面提出了恢复墨西哥湾生态环境的具体措施：一是通过建立湾区恢复信托基金，保障湾区在恢复生态环境的资金需求；二是明确"墨西哥湾区域生态系统恢复委员会"的地位，统筹湾区海洋生态修复工作；三是通过建立相应的生态系统恢复科学观测项目和研究项目，为湾区生态恢复提供研究支撑[①]。

2. 成立生态治理专门机构，统筹湾区生态修复

在墨西哥湾"深水地平线"钻井平台爆炸事故造成的原油泄漏给湾区海洋生

---

① 马英杰，于晓华. 美国《墨西哥湾恢复法》特点及其对我国海洋生态修复的启示［J］. 中国海洋大学学报（社会科学版），2016（2）：59－64.

态造成巨大破坏的背景下，美国于 2012 年成立了墨西哥湾区域生态系统恢复委员会，统筹湾区的生态修复相关事项，保障湾区生态环境修复工作能够长期有效地进行。该委员会由墨西哥沿岸州的相关高级别官员和联邦机构以及总统行政办公室相关人员组成。商务部长负责领导生态修复委员会，统筹领导制订湾区沿岸生态修复计划，并指导监督相关修复工作的实施，确保生态修复战略可持续[①]。同时依据《墨西哥湾恢复法》的授权，墨西哥湾生态系统恢复委员会负责监督 60% 的生态恢复资金的使用，以确保相关资金的合理使用。

3. 设立生态修复基金，保障海岸带生态修复持续性

生态修复需要持续大量的资金支持，为保障海岸带生态修复资金来源，美国最开始采用了政府财政拨款的方式，后续由于资金需求的扩大，开始通过向年收入超过 200 万美元的大企业征收环境税，补充了生态修复资金的来源。后续又出台了对因治理"棕色地带"免征收所得税等措施，逐步建立一个主要由"污染者付费原则"组成的制度体系[②]。墨西哥湾区基于《墨西哥湾恢复法》和《清洁水法》抽取对"2010 年墨西哥湾溢油事故"相关责任方 80% 的罚款建立了墨西哥湾恢复信托基金，为墨西哥湾区后续的生态环境修复工程和相关工作提供资金支撑[③]。同时，还通过制定基金使用的相关法律规制，保障基金能够使用在恢复湾区的生态环境和可持续发展等相关事项上。

（三） 对珠三角城市群海洋经济发展的启示

珠三角城市群是我国最重要的经济区域之一，但多年持续高强度的开发、密集的人口给海岸带区域的生态环境带来高强度的胁迫和压力。因此，珠三角城市群可借鉴墨西哥湾区经验，持续优化海岸带生态环境，建立海岸带生态修复制度体系。一方面要建立区域协调机构，统筹城市群海洋生态修复工作。建议由各市政府部门代表、海岸带生态修复领域专家、海洋 NGO 组织、民间兴趣团体、市民代表等共同组建珠三角城市群海岸带生态修复专门机构，统一研究制订中长期海

---

①　马英杰, 于晓华. 美国《墨西哥湾恢复法》特点及其对我国海洋生态修复的启示 [J]. 中国海洋大学学报（社会科学版）, 2016 (2)：59 - 64.

②　沈绿野, 赵春喜. 我国环境修复基金来源途径刍议：以美国超级基金制度为视角 [J]. 西南政法大学学报, 2015, 17 (3)：68 - 73.

③　郑淑娴, 黄华梅, 倪锦锋, 等. 国际经验对完善粤港澳大湾区海岸带生态修复制度的启示 [J]. 海洋世界, 2023 (1)：48 - 57.

岸带生态修复计划，指导并监督考核珠三角城市群的生态修复工程和修复效果，监管生态修复资金的筹措和使用，促进海岸带生态修复工作的整体推进。另一方面要保障生态修复资金支撑，建议珠三角城市群各地政府共同设立专门资金，积极申请中央财政支持，鼓励社会多元化投资，扩充资金来源，保障珠三角海岸带生态修复的持续性。

四、新加坡滨海湾区：向海发展，建设海洋经济大国

（一）新加坡滨海湾区概述

1. 基本情况

新加坡是位于东南亚的岛国和城市国家，地处中南半岛的最南端，扼守马六甲海峡最南端的出口，位于其南面的新加坡海峡与印度尼西亚相隔，北面的柔佛海峡与马来西亚相隔，并以新柔长堤与第二通道两座桥梁相连于新马两岸之间。新加坡由新加坡岛等 63 个岛屿组成，总面积 728 平方公里，总人口约 568 万，海岸线全长 200 多公里，拥有亚太地区最大的转口港——新加坡港，约有 250 条航线来往世界各地。凭借着地理优势、成熟的资本市场和良好的营商环境，新加坡已建设成为全球最重要的港口航运中心、国际贸易中心、区域旅游中心和国际三大海事仲裁中心之一。同时，基于马六甲海峡的优势，新加坡还大力发展石油炼化行业，在石化装备、石油钻井平台建造等方面居于世界领先地位，是世界三大石油贸易和炼油中心之一①。

2. 海洋经济发展概况

作为海岛型国家，新加坡的经济发展与海洋密切相关，独特的地理位置为其发展现代海洋产业提供了得天独厚的条件。新加坡政府也充分利用自身优势，积极实施海洋经济发展战略，调整临海工业和服务业的结构，打造形成以海洋石油化工、海洋交通运输、海事金融服务、滨海旅游以及海水利用等为主的海洋产业结构，使海洋产业成为其国内重要的支柱产业，支撑新加坡建设成为全球海洋中

---

① 张舒. 新加坡海洋经济发展现状与展望［J］. 中国产经，2018（2）：75–79.

心城市①。

根据新加坡海洋行业协会的统计，新加坡海洋经济所分行业主要包括海洋船舶维修业、海洋船舶制造业、海外加工出口工业三大类（未包含滨海旅游业和海洋交通运输等海洋服务业）。其海洋经济总产值由 2010 年的 133.2 亿新币逐步增长至 2014 年 172.3 亿新币后，然后逐年降低至 2017 年的 98 亿新币，占国内生产总值比重则由 2010 年的 4.08% 逐年降低至 2018 年的 2.01%（见图 8－3）。在具体海洋产业构成中，海洋船舶维修制造业与海外加工出口工业为海洋经济支柱性产业。其中，海洋船舶维修业与海洋船舶制造业占海洋经济比重虽经历过一段下降期，但自 2014 年后呈现明显回升趋势，海洋船舶维修业由 2008 年的 42.02% 降低至 2013 年的 30.98%，随后上升至 2017 年的 56.63%（见表 8－5）。而海外加工出口工业占海洋经济 GDP 的比重则总体呈上升趋势，虽在 2017 年急剧下降，但其逐步发展壮大的趋势依然明显。

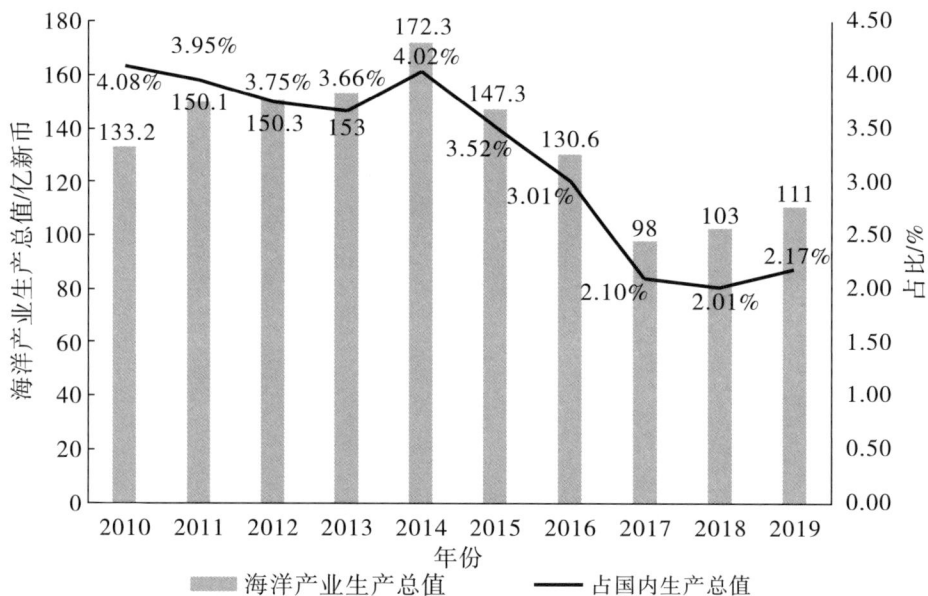

图 8－3　新加坡海洋经济总量及所占比例变动情况

数据来源：新加坡海洋产业协会、新加坡统计局。

---

① 王勤. 新加坡全球海洋中心城市构建及其启示［J］. 广西社会科学，2022（4）：42－51.

表 8-5　新加坡海洋经济产业构成一览表

年份	海洋船舶维修业占比/%	海洋船舶制造业占比/%	海外加工出口工业占比/%
2008	42.02	9.94	48.04
2009	39.99	4.99	55.02
2010	36.41	4.05	59.54
2011	34.64	5.66	59.70
2012	31.94	7.65	60.41
2013	30.98	5.49	63.53
2014	31.98	3.02	65.00
2015	32.99	2.04	64.97
2016	34.99	1.53	63.48
2017	56.63	3.27	40.10

数据来源：新加坡海洋产业协会、新加坡统计局。

除了官方统计的海洋产业外，新加坡在海洋交通运输业与海洋服务业方面也表现不俗。在海洋运输方面，新加坡滨海自然条件优越，水域宽敞，水深适宜，优越的自然条件加上得天独厚的地理位置以及发达的经济基础，为新加坡港口和海洋交通运输业的发展奠定了基础，使新加坡港口建设成为世界上最大的港口之一以及亚太地区最大的转口港①。其货运量居世界前列，有250多条航线通往80多个国家的130多个地区。港口到达船只数从2009年呈逐年递增的趋势（见表8-6），这体现了新加坡海洋运输业发展趋势持续向好。

表 8-6　新加坡港口各年船只到达数

年份	到达船只总的数量/艘	邮轮数量/艘	化学品船数量/艘	液化天然气和液化石油气油轮数量/艘
2009	20 080	14 059	4 337	1 684
2010	21 355	15 093	4 607	1 655

① 高田义，汪寿阳，乔晗，等. 国际标杆区域海洋经济发展比较研究 [J]. 科技促进发展，2016（2）：185-195.

（续上表）

年份	到达船只总的数量/艘	邮轮数量/艘	化学品船数量/艘	液化天然气和液化石油气油轮数量/艘
2011	22 280	15 861	4 588	1 831
2012	22 230	15 702	4 534	1 994
2013	22 617	16 125	4 493	1 999
2014	22 218	15 349	4 629	2 240
2015	22 062	14 676	5 083	2 303
2016	23 695	15 805	5 209	2 681
2017	24 410	16 894	4 763	2 753
2018	24 165	16 858	4 366	2 941

数据来源：新加坡海洋产业协会。

在海洋服务业方面，海洋配套服务业与滨海旅游业各有亮点。一方面，随着港口和国际航运的蓬勃发展，新加坡港口吸引各国海事专业公司拓展业务，形成了以海事仲裁、海事金融为代表的发达的海洋配套服务业。目前新加坡有超过5千家公司可以为世界各国商船提供海事相关服务。海事服务产业体系的逐渐健全促进了海事仲裁的发展，其海事仲裁业务量已仅次于伦敦和纽约。另一方面，新加坡从本国实际出发，充分利用滨海自然资源和东西方融合的文化资源，精心设计，打造出一系列特色旅游产品，建设成为全球知名的"花园城市"。此外，新加坡通过不断加强旅游公共服务设施的建设，提高城市旅游服务质量，推动全国旅游业的快速发展，使其成为国内重要的产业①。其旅游业收入从2011年的177.198亿美元增加至2019年的203.013亿美元，旅游人数也从2011年的13 200万人上升至2019年的19 100万人，旅游业的整体发展呈不断上升趋势（见表8-7）。旅游业的总体收入也长期稳定在国内生产总值的6%左右，远远超过以海洋船舶维修业、海洋船舶制造业、海外加工出口工业为代表的官方统计海洋生产总值。

---

① 王勤. 新加坡全球海洋中心城市构建及其启示［J］. 广西社会科学，2022（4）：42-51.

表 8 - 7　新加坡旅游业发展一览表

年份	旅客数/万人	旅游收入/亿美元	占国内生产总值/%
2011	13 200	177. 198	6. 34
2012	14 500	184. 802	6. 26
2013	15 600	187. 607	6. 10
2014	15 100	185. 953	5. 91
2015	15 200	158. 426	5. 14
2016	16 400	186. 453	5. 85
2017	17 400	194. 195	5. 66
2018	18 500	199. 74	5. 30
2019	19 100	203. 013	5. 41

数据来源：https：//www. stb. gov. sg/content/stb/en. html.

（二） 新加坡滨海湾区海洋经济发展经验

新加坡虽然是海洋资源小国，但其通过充分利用地理位置优势，发挥资源集聚效应，大力发展海洋交通运输、海洋装备制造、海洋公共服务等海洋产业，使自身建设成为海洋经济大国。

1. 政府与政策引导，全方位塑造海洋经济发展环境

新加坡曾经是近代英国在东方移植的自由贸易港，在建国以后继续以自由港为核心，以自由开放的经济政策为基础，打造形成全球最自由的经济体系之一。这种自由开放的经济政策体系为后续新加坡发展海洋经济，建设全球海洋经济中心城市奠定了政策基础。同时，为了更好地促进新加坡海洋经济的发展，新加坡政府还针对性地出台实施了一系列海洋产业政策，成立相应的管理机构，极大地促进了相关海洋产业的快速发展。例如，新加坡通过成立裕廊工业区管理局，出台一系列法律法规，统筹推动海工装备、海洋化工等海洋第二产业发展；通过出台相关的税制优惠政策，吸引全球油气企业落户新加坡，促进海洋石油化工产业发展，支撑新加坡建设成为全球三大炼油中心之一；通过成立新加坡海事和港务局（MPA），统筹引进航运、造船等行业的新系统和新力量，推动新加坡港口运

输、船舶制造等行业的发展①。政府的统筹引导以及一系列的相关政策支撑，推动了新加坡海洋产业集群的发展，促进了新加坡传统海洋产业转型和新兴海洋产业壮大，实现了海洋经济的可持续发展。

2. 资本与技术推动，大力支持海洋科技创新

由于海洋的特殊性，海洋产业的发展相对其他产业对科技创新的要求更高，海洋科技创新水平也成为一个国家或地区海洋经济发展的重要影响因素。而海洋科技创新则离不开相关创新人才的培养和大量的资金支持。新加坡在 20 世纪 80 年代就认识到了海洋科技创新对海洋产业发展的重要作用，开始通过一系列措施促进相关海洋产业的技术创新。例如持续投入大量资金，支撑海洋工程技术的创新和引进，使新加坡逐步发展成为世界第二大钻井平台②；设立"研究、创新及创业理事会"，为国家创新、创业的策略和政策制定提供咨询，营造良好的科技创新环境和氛围；制定一系列海洋产业创新发展税收奖励、资金奖励政策，推动相关海洋产业的创新发展，保障相关产业的创业投资③；成立多个海洋研究机构和创新中心，如成立新加坡海洋技术中心（TCOMS），推动海洋工程、造船、海洋生物技术等领域的创新发展。

3. 产业链协同与完善，系统推进海洋产业集群发展

新加坡的海洋产业经过多年的长期发展，通过结合本国的上下游产业，针对性地吸引国际其他产业的进入，逐步构建了相关产业的完整产业链。在港口航运和船舶制造方面，以航运为中心，结合船舶修造，完善航运金融保险服务，打造形成贯穿海洋第二、第三产业的海事业全产业链条④；在海洋工程方面，积极培育海洋工程设计、研发等上游产业，完善法律、金融、教育培训等下游相关服务业，形成完善的海洋工程制造产业链条。完整的产业链条使相关产业的上下游产业能够更好地配合，形成合力，降低产业成本，提高产业收益，增强产业竞争力，实现产业间的协同发展。同时通过引导培育产业链各个环节的企业，促进相关企业的不断积聚，在产业发展中形成了很好的集聚效应。这种产业集聚效应极大地提

---

① 高田义，汪寿阳，乔晗，等. 国际标杆区域海洋经济发展比较研究［J］. 科技促进发展，2016（2）：185 – 195.

② 杨明. 全球海洋中心城市评选指标、评选排名与四大海洋中心城市发展概述［J］. 新经济，2019（10）：30 – 34.

③④ 秦正茂，周丽亚. 借鉴新加坡经验打造深圳全球海洋中心城市［J］. 特区经济，2017（10）：20 – 23.

高了相关海洋产业在融资、商务商贸服务等方面的可行性，促进了相关产业人才的集聚，使新加坡的海洋产业能够持续稳定高质量发展。

4. 金融体系与环境支撑，带动海洋服务业集聚发展

海洋经济具有资本和技术密集型特征，需要良好的金融体系支持，使其能够更便利地实现融资，保障资金需求。新加坡作为全球重要的金融中心，具备完善的金融体系，这为其海洋经济发展提供了良好的金融环境。一方面，经过不断的完善发展，新加坡已建设形成成熟的资本市场和良好的市场环境，制定了完备的法律规范，为发展船舶登记、保险、海事仲裁、海洋金融贸易等海洋经济相关业务提供了良好的支撑。另一方面，新加坡拥有良好的地理区位条件，地处印度尼西亚、马来西亚、越南、泰国等东南亚国家中心位置，这些地区海洋产业的快速发展，助推新加坡成为区域海洋服务业集聚中心①。新加坡也通过出台一系列政策，积极推动海洋金融、海洋贸易的发展，吸引了大量的金融服务机构在新加坡设立分支机构扩展海洋金融业务，带动了新加坡海洋服务业的集聚发展。

5. 扬长避短，发展特色海洋旅游经济

新加坡岸线总长 200 余公里，理论上来说只有沿海岸线 3 海里的领海，海洋自然资源极为紧缺②。但由于其四面环海，海上交通发达，海上交通也发展成为新加坡另一种重要的海洋资源。新加坡政府另辟蹊径，扬长避短，充分利用便利的交通条件及完善的基础设施，大力发展特色旅游业③。一是建设花园城市，通过发展各种各样的主题公园，打造清洁、安定、文明、亲和的城市形象；二是注重保存历史和发扬自身特色，对一些有特色的民居加以特别保护和修葺，或按原先模样加以恢复，或古今结合、古为今用，使之成为旅游景点，利用其东西文化融合与华人、马来人、印度人三大民族及十大宗教的优势，开发了反映多元文化的旅游产品；三是因地制宜开发人工旅游景点并打造旅游胜地，例如圣淘沙、胡姬花园、植物园等都是后续人工开发的旅游精品。

① 杨明. 全球海洋中心城市评选指标、评选排名与四大海洋中心城市发展概述［J］. 新经济，2019（10）：30 - 34.

② 秦正茂，周丽亚. 借鉴新加坡经验打造深圳全球海洋中心城市［J］. 特区经济，2017（10）：20 - 23.

③ 王勤. 新加坡全球海洋中心城市构建及其启示［J］. 广西社会科学，2022（4）：42 - 51.

（三） 对珠三角城市群海洋经济发展的启示

在城市经济发展过程中，海洋产业一直是新加坡经济发展的重要组成部分，经过政府、企业和公众共同努力，通过几十年的探索，新加坡已经建设成为全球海洋中心城市与海洋经济发展的重要湾区，其发展过程的相关宝贵经验能为珠三角城市群后续的海洋经济发展提供很好的借鉴。

一是要构建海洋产业链，推动海洋经济高端化发展。由于海洋产业具有关联性强、集约度高的特点，因此构建完整的海洋产业链有助于推动海洋产业的上下游联动，提高海洋资源的利用效率，形成海洋产业集群，降低产业成本，增强海洋产业的竞争优势。鉴于此，珠三角城市群应统筹做好海洋产业的规划和布局，推动区域海洋装备制造、海洋电子信息、海洋生物医药等海洋主导产业的集聚布局，建立从研究到转化，再到应用、服务的上下游产业链条，提高海洋产业的核心竞争力。

二是加强海洋科技创新，提升海洋软实力。新加坡通过一系列的促进海洋科技创新的措施，为海洋产业的发展提供了源源不断的动力，使新加坡建设成为全球海洋经济中心。珠三角城市群也应充分利用区域科技创新资源，加强海洋科技创新投入，例如，针对海洋生物、海洋电子信息等重点领域，制定相应的海洋产业创新发展税收奖励、资金奖励政策，推动海洋产业的创新发展；加大海洋研究机构和创新中心的资金投入，鼓励科研机构与企业之间的双向合作创新。

五、环杭州湾大湾区：区域一体，打造长三角海洋经济高地

（一） 环杭州湾大湾区概述

1. 基本情况

环杭州湾大湾区地处长三角南翼，被媒体称为"中国第二个大湾区"，是我国东部沿海的重要门户，是"一带一路"与长江经济带的重要交汇地带，同时也是长三角城市群的重要组成部分和经济增长极。湾区以上海、杭州、宁波为顶点，包括嘉兴、绍兴、湖州和舟山，共计 7 个城市①。湾区内 7 个城市面积共约 5.2 万

---

① 金颖. 环杭州湾大湾区中心城市间区域经济联系水平评价测度研究 ［D］. 杭州：浙江大学，2021.

平方公里，约占中国大陆国土面积的 0.54%。2019 年，湾区常住人口约有 5 823 万，GDP 约为 8.1 万亿元，占当年全国经济总量 99.09 万亿元（不包括港澳台）的 8.17%[①]。

环杭州湾大湾区交通条件便利，湾区内集聚了丰富的优良港湾，拥有吞吐量位居世界前列的上海港、宁波—舟山港等重要港口，以及上海虹桥和浦东、杭州萧山等具有国际影响力的航空枢纽，便捷高效的现代综合交通运输体系正在加速形成。环杭州湾大湾区更具有深厚的历史文化内涵，历史与文化积淀孕育了创新创业精神和奋斗文化，推动一代又一代浙商走向全国，走向世界。加上改革开放以来体制机制变革带来的制度优势，不断吸引着各种要素资源高度集聚，创新人才等要素加快聚集，湾区综合战略优势不断提升。

2. 海洋经济发展概况

环杭州湾大湾区是中国重要的海洋经济发展区域，其所在的长三角地区海洋生产总值占全国海洋生产总值的三分之一左右，2018 年更是创下了 24 261 亿元的新高[②]。湾区经过多年发展，已形成以上海、杭州、宁波为核心的环杭州湾大湾区海洋经济发展格局。

其中，2020 年，上海市海洋经济生产总值达到 9 707 亿元，占全市 GDP 的 25.1%，占全国海洋生产总值的 12.1%，逐步形成了以滨海旅游业、海洋交通运输业、海洋船舶工业等传统海洋产业为主导，以海洋电力、海洋生物医药业、海洋工程装备制造等海洋战略性新兴产业为新发展动能的现代海洋产业体系；宁波市海洋生产总值达 1 674 亿元，占全市 GDP 的 13.5%，占全省海洋生产总值比重约为 18%，依托港口运输优势，积极发展临港工业，已建设形成绿色石化、海洋工程装备、港航物流等为主的海洋产业体系；绍兴市海洋经济生产总值约 345.98 亿元，占全市 GDP 的 5.8%，依托滨海新区、杭州湾上虞经开区等开发区（新区）及"万亩千亿"新产业平台，在海洋生物医药、海洋装备制造、海洋化工材料等海洋产业取得了快速发展；嘉兴市海洋生产总值为 692.38 亿元，占全市 GDP 的 12.3%，依托滨海新区、嘉兴港区等平台，形成了以海滨工业、海洋交通运输业、滨海旅游业等为主的海洋经济产业体系。

总体来看，海洋生物医药产业与海洋工程装备制造业是环杭州湾大湾区具有

---

① 数据来源：《2020 年浙江统计年鉴》。

② 叶娜. 从海洋视角看"长三角大湾区"建设的独特化优势［J］. 中国发展，2019，19（6）：6 - 9.

代表性的新兴产业。在海洋生物医药产业方面，依托上海张江生物医药创新引领核心区、上海临港新片区精准医疗先行示范区、上海金海岸现代制药绿色承载区、北上海生物医药高端制造集聚区、杭州生物产业国家高新技术产业基地等重点产业平台，形成了产业创新要素集聚、企业链条齐备、综合配套优势明显的海洋生物医药产业格局。在海洋工程装备制造业方面，上海作为全国唯一一个集船舶海工研发、制造、验证试验和港机建造为一体的城市，在央企、国企领头引领下，形成了海洋船舶制造全产业链条。宁波、杭州、绍兴等城市依托浙江原有海洋渔业发展基础、宁波舟山港口优势，在海洋工程装备辅助船舶、辅助装备制造和船舶维修、改装、拆解领域形成了较强的发展优势，在船舶和海洋工程的相关材料领域取得了一定的创新发展。

（二）环杭州湾大湾区海洋经济发展经验

环杭州湾大湾区是带动我国东南沿海区域发展的重要板块，湾区通过推进港口一体化发展、陆海统筹发展以及引导海洋产业集聚发展，已建设成为我国东部海洋经济区的核心区域。

1. 资源整合，推进湾区港口一体化发展

环杭州湾大湾区集聚了丰富的优良港湾，拥有吞吐量位居世界前列的上海港、宁波—舟山港等重要港口。为了推进湾区港口群的一体化、协同化发展，2015 年 8 月，浙江省委、省政府做出了整合全省沿海港口及有关涉海涉港资源平台，组建省级海洋港口发展委员会和省海港集团的决策部署。2016 年 11 月，浙江省海港集团与宁波舟山港集团进一步深化整合，实现"两块牌子、一套班子"的运作方式，在国内率先推进海洋港口一体化发展，推动了宁波—舟山港的龙头枢纽地位持续增强，港口多式联运快速提升，内联外扩合作不断深化，港航服务业不断完善及服务地方经济发展的能力不断增强①。

同时，在海港资源整合中，环杭州湾大湾区建立了以市场化为导向的经济利益调整机制和运营管理体制。一是湾区以资产为纽带推进海洋港口一体化。浙江省成立海港投资运营集团，由省级资产和宁波、舟山、嘉兴等市涉海涉港资产注入，省级国有资产和原属地资产各股东保留分红权和未来企业发展带来的股东权

---

① 闻海燕. 推动浙江海洋港口高质量一体化研究 [R] //俞世裕，黄宇，李宏利，等. 2019 年迈向国家战略的长三角，北京：社会科学文献出版社，2020：343 – 357. [2024 – 02 – 19]. https://xianxiao. ssap. ssap. com. cn/catalog/4901177. html.

益增值收益，原属地的企业注册地和税收关系不变，并在 2019 年通过与上海国际港务（集团）股份有限公司签署了《小洋山港区综合开发合作协议》，实现上港集团和浙江海港集团共同推进小洋山综合开发。二是湾区坚持市场化运作吸引社会力量参与具体的港口项目开发、港口基础设施建设、港口信息平台建设。浙江省海港集团专门成立内河公司作为统一开发港口资源的投融资平台和建设运营主体，以此推进港口投资、收购与业务合作。

2. 陆海统筹，构建湾区立体化交通网络体系，推进港城联动发展

湾区顺应国内外港口发展趋势，大力推进海港、海湾、海岛"三海"联动，推进江海河联运、海陆空联运，以港口为核心，构建湾区互联互通的港口集疏运体系，通过联动湾区各交通港口协同发展，推动湾区河运、海运、铁路、航空、公路等多式联运统筹提升。目前，湾区已建设形成 1 座跨海大桥、2 个国际港口、4 大国际机场、5 条快速干道、3 条铁路的立体交通，畅达沪杭甬的一体化湾区交通网络体系。其中，宁波—舟山港依托新建甬金铁路、甬台温高速复线等铁路和高快速，形成了向西、向南、向北的快速集疏运通道，加强了与江西、福建、江苏、安徽等周边省份的联系，扩展了港口的服务腹地[①]。

此外，湾区先后出台实施了《嘉兴港产城统筹发展试验区规划编制和管理办法》《关于上海市进一步推动海铁联运发展的实施意见》《浙江省海洋新兴产业发展规划》《浙江省现代海洋产业发展"822"行动计划（2013—2017）》等规划与政策，加快推进了湾区港口、产业、城市融合发展。

3. 平台集聚，引领海洋产业集聚发展

湾区现有包括上海化学工业区、平湖经济技术开发区、宁波经济技术开发区等国家级开发区，以及外高桥保税区、奉贤综合保税区、嘉兴综合保税区、宁波保税区等国家级海关特殊监管区域在内的各类国家级产业平台，还拥有以宁波镇海经济开发区、余姚经济开发区、海盐经济开发区等省级开发区为代表的省级开发平台。为统筹推进海洋产业发展，湾区依托各级国家或省级平台，聚焦海洋工程装备与高端船舶制造业、临港先进制造业、海洋生物医药等海洋产业，推进产业集聚区和各类开发区整合提升。推动建设了上海崇明（长兴岛）海洋经济发展示范区、海宁高新技术产业园区、绍兴滨海新区、宁波国家级海洋经济发展示范区、萧山临江高新区等海洋特色产业基地（见表 8 - 8），培育集聚相关的涉海企

---

① 范莎莎，徐荣华. 宁波舟山港一体化的进展、问题与对策［J］. 宁波经济：三江论坛，2017（10）：4.

业，将各平台打造成具有显著影响力的海洋产业集聚区，形成了环杭州湾大湾区南北两岸海洋产业重点平台集聚带。

表8-8 杭州湾区主要海洋产业重点平台

城市	平台名称
嘉兴市	独山港经济开发区
	乍浦经济开发区（嘉兴综合保税区）
	浙江海盐经济开发区（海盐核电关联高新技术产业园区）
	浙江海宁经济开发区（浙江海宁经编产业园区）
	海宁高新技术产业园区
宁波市	宁波中国—中东欧国家经贸合作示范区
	宁波国家级海洋经济发展示范区
	浙江自由贸易试验区宁波片区
	前湾新区
	甬江科创大走廊
	港口型国家物流枢纽
	生态海岸带
上海市	临港新片区
	洋山保税港区
	奉贤综合保税区
	张江高新技术开发区
	崇明（长兴岛）海洋经济发展示范区
绍兴市	绍兴科创大走廊
	绍兴滨海新区
	高分子新材料"万亩千亿"新产业平台
	高端生物医药"万亩千亿"新产业平台
	绍兴综合保税区
	中国（绍兴）跨境电商综合试验区
	中国（浙江）自由贸易试验区绍兴联动创新区
	国际合作交流平台
杭州市	萧山临江高新区
	杭州生物产业国家高新技术产业基地
	大江东产业集聚区

资料来源：根据网络公开资料整理而得。

4. 延链补链，完善海洋产业链条

依托现有海洋产业基础，湾区积极延链补链，完善海洋产业链条。一方面，不断巩固强化已有的海洋优势产业链条。例如，在海洋船舶工业方面，上海作为全国唯一一个集船舶海工研发、制造、验证试验和港机建造为一体的城市，培育构建了以高端船舶和海工装备为代表的完整的海洋装备制造产业链，建设形成全国规模最大、产业链最完善的船舶与海洋工程装备综合产业集群。在绿色石化产业方面，依托宁波—舟山港的港口航运优势，结合石化互通互联管道等基础设施建设，推动了两地石油化工产业的一体化发展，形成从石油炼制到基础化工原料、化工新材料、高端专用化学品的完整产业链，打造世界石油化工产业基地①。

另一方面，积极构建面向未来的新型海洋产业链条。上海和杭州依托两地优良的创新基础条件，协同推动涉海科研院所、高校、企业科研力量优化配置和资源共享，推进海洋科技成果转移转化，创建海工装备创新联盟、海洋新能源产业联盟，推进海洋产业基础高级化、创新链产业链供应链现代化，服务海洋"制造"向"智造""创造"转型。在海洋生物医药产业方面，依托湾区高等院校和科研资源，以上海张江生物医药创新引领核心区、上海临港新片区精准医疗先行示范区、上海金海岸现代制药绿色承载区、杭州生物产业国家高新技术产业基地等重点平台为载体，建设了一批海洋生物产业发展平台，引育集聚了大量的海洋生物医药企业，打造形成从研发到转化的较为完善的海洋生物医药产业链②。

（三） 对珠三角城市群海洋经济发展的启示

在"发展海洋经济，加快建设海洋强国"的时代背景下，环杭州湾大湾区作为我国第二大湾区，其海洋经济发展经验能够为珠三角城市群海洋经济发展提供一定的借鉴。首先，要加强陆海统筹，推进珠三角城市群港口群的一体化发展。珠三角城市群和杭州湾大湾区一样，拥有广州港、深圳港等国际大型港口，但各港口目前仍缺乏有效的整合形成合力。因此，要从顶层设计加强各港口的整合，打造珠三角城市群一体化港口群，以港口为核心打造多式联运的集散网络，扩大

---

① 浙江省政府办公厅，浙江省人民政府关于印发浙江省海洋经济发展"十四五"规划的通知 ［EB/OL］. （2021－06－04）［2023－11－01］. https：//www. zj. gov. cn/art/2021/6/4/art_1229019364_2301508. html.

② 聂献忠. 环杭州湾大湾区战略发展研究 ［M］. 北京：社会科学文献出版社，2022.

港口经济影响腹地。其次，要加强海洋产业重点平台建设，引导产业集聚发展。当前，珠三角城市群各城市虽然都在结合自身产业基础，积极引导各市海洋经济产业向重点区域、平台和园区集聚，但成效不显著，仍有待从城市群层面进一步统筹与协同，结合各城市海洋产业空间分布，明确相关产业在空间上和产业链层面的协同布局。最后，要加强海洋产业链建设，完善海洋产业链条。借鉴环杭州湾大湾区经验，一方面，依托现有海洋产业基础，不断地巩固强化已有的海洋优势产业链条，积极延链补链，完善城市群海洋产业链条；另一方面，积极构建完善海洋生物医药、海洋新能源等新型海洋产业链条。

六、北部湾经济区：向海而兴、向海图强，大力发展向海经济

（一）北部湾经济区海洋经济发展概况

广西北部湾经济区由南宁、北海、钦州、防城港、玉林、崇左所辖行政区组成，位于我国沿海西南端，东邻雷州半岛及海南岛，西邻越南，南邻北部湾，北邻广西河池、来宾等城市，是广西唯一的沿海门户，也是我国西部地区唯一的沿海城市群。北部湾海域面积约12.8万平方公里，大陆海岸线长1 628.59公里，海岛643个。[①] 湾区海洋资源丰富，拥有红树林、珊瑚礁等典型海洋生态系统，中华白海豚、中华鲎、布氏鲸等珍稀生物物种以及石油矿产资源，是我国重要的石油开采场地和主要渔场之一。港湾水道众多，沿海分布着珍珠湾、防城湾、钦州湾、廉州湾、铁山湾、英罗湾等10多个港湾，有南流江、大风江、钦江、茅岭江、防城江、北仑河等120条入海河流[②]。

习近平总书记在2017年4月和2021年4月两次到广西视察时，先后强调要"打造好向海经济"和"大力发展向海经济"。依托独特的区位优势，北部湾经济区成为广西发展向海经济的主战场。根据《广西海洋经济统计公报》数据（见图8-4），从2013年至2022年，广西的海洋生产总值从899.0亿元增长至2 296.9亿元，年均增长率超10%，占地区GDP比重逐年增长，从5.9%增长至8.7%。分

---

① 数据来源：《广西向海经济发展战略规划（2021—2035年）》。
② 广西壮族自治区海洋工作领导小组办公室. 打造向海经济　建设海洋强区［N］. 广西日报，2020-09-27.

产业来看，已形成海洋旅游业、海洋渔业、海洋交通运输业、海洋工程建筑业四大优势海洋产业。2022年，四大产业占海洋生产总值比重分别为34.1%、21.8%、18.6%和14.6%，合计占比达89.1%①。

在海洋经济发展过程中，北部湾经济区向海而兴、向海图强，从机制保障、产业布局、港口融合、开放合作、生态维育等方面共同发力，大力发展向海经济，成为广西乃至西部地区海洋经济的排头兵。

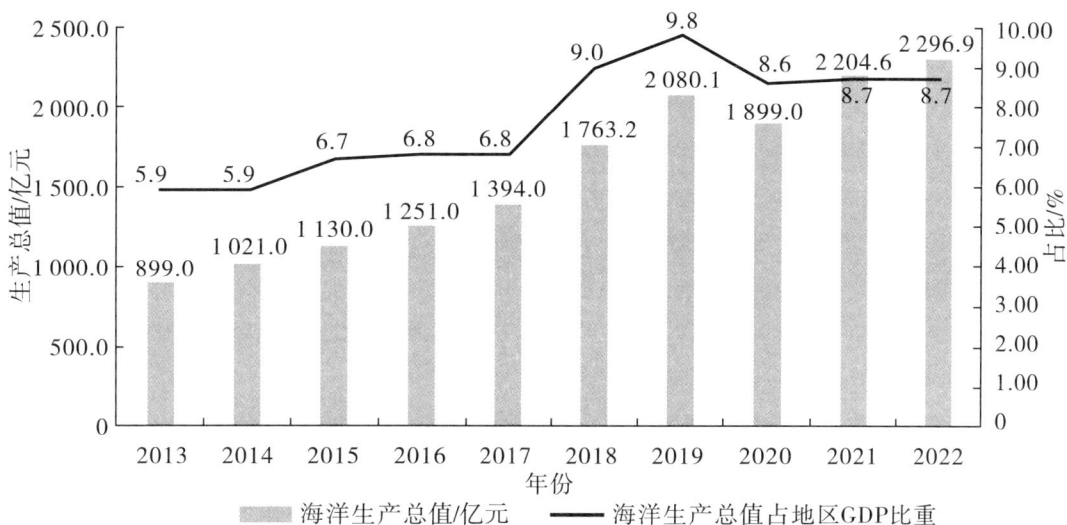

图8-4 广西海洋生产总值增长情况

数据来源：历年《广西海洋经济统计公报》。

（二）北部湾经济区海洋经济发展经验

1. 机制保障：成立区域规划管理部门

为推动北部湾城市群协同发展，广西壮族自治区政府特成立专门的区域规划与建设管理部门——北部湾（广西）经济区规划建设管理委员会及办公室（简称"北部湾办"），负责协调北部湾区各城市海洋经济发展，统筹研究制定湾区的重大发展战略、规划和政策，管理湾区重大发展专项资金等（见表8-9）。该部门的设立，有力地保障了北部湾经济区重要岸线、港口、产业、交通的统筹规划与开发，

---

① 数据来源：《2022年广西海洋经济统计公报》。

促进了海洋经济的高质量发展。

表8-9　北部湾办主要工作职责

序号	工作职责
1	负责组织拟订北部湾经济区重大发展战略、发展规划和重大政策，并组织实施；协调指导自治区有关部门和北部湾经济区相关城市，共同推进北部湾经济区规划建设管理工作
2	负责组织拟订北部湾经济区产业发展规划和政策；牵头协调北部湾经济区重大基础设施和重大产业布局，推进有关项目建设；指导北部湾经济区重大产业招商工作
3	负责研究拟订北部湾经济区重点产业园区发展规划，并组织实施；负责北部湾经济区重点产业园区的认定和动态管理；统筹指导北部湾经济区重点产业园区建设
4	统筹推进北部湾经济区综合配套改革和体制机制创新，推进北部湾经济区同城化纵深发展；统筹推进广西沿海三市一体化发展
5	统筹推进区域性国际航运中心规划建设；推动沿海港口重大资源整合、重大项目建设和港口管理体制创新；牵头负责北部湾经济区沿海岸线和涉海规划协调会商制度，组织审核利用北部湾经济区岸线资源的重大建设项目
6	统筹推进北部湾经济区国际陆海贸易新通道建设；牵头负责北部湾经济区物流一体化发展和多式联运建设，制定相关发展规划和政策，并监督实施
7	负责北部湾经济区对外开放合作和宣传推介工作；统筹推进北部湾经济区参与"一带一路"建设，以及中国—东盟港口城市合作网络建设；承办泛北部湾经济区合作论坛。推进北部湾城市群建设和发展，全面对接粤港澳大湾区；牵头推进北部湾经济区海关特殊监管区域建设。参与沿边开放开发
8	管理广西北部湾经济区重大发展专项资金；参与管理涉及北部湾经济区的其他资金和产业发展基金；推进北部湾经济区投融资创新
9	负责指导广西北部湾发展研究院，推进北部湾智库建设
10	牵头负责北部湾经济区重大人才工作，统筹推进北部湾经济区人力资源开发
11	完成自治区党委、自治区人民政府交办的其他任务

资料来源：根据北部湾办官网资料整理而得。

2.　产业布局：构建陆海联动的向海产业体系

相对于大湾区、环渤海、长三角等发达地区，北部湾经济区的海洋经济基础偏弱。因此，北部湾经济区在发展海洋经济时，侧重于向陆地寻找支撑，以陆带海，以海促陆，着重发展陆海联动的向海经济。

一是打造陆海联动的先进制造基地。北部湾经济区具有深水大港和原料产品内外运输优势。因此，借助港口的运输和内外联动功能，大力发展高端化工新材料、金属新材料、海洋工程装备等产业，推进"油、煤、气、盐"特色化与专业化的化工新材料产业集群建设、"钢、铜、铝、锰、锂"等精深加工基地建设，并以南宁、钦州为重点，推进海洋工程装备、海上风电装备制造基地建设。

二是推动城市间的临港产业分工协作。发挥北海、钦州、防城港三个沿海城市的比较优势，推动各大临港/临海产业园区进行错位发展。其中，北海市依托已有的产业基础，通过引进电子信息、玻璃制造、造纸等相关企业，打造电子信息、精细化工、造纸和新材料等产业集群；钦州市依托已有原油码头，大力发展临港绿色石化产业以及以海洋装备制造、电子信息为代表的战略性新兴产业，打造我国西南地区最大的能源化工基地；防城港市以防城港码头为依托，发展以钢铁、有色金属、绿色新材料和粮油食品加工等为主体的临港产业集群。

3. 融合发展：最早推动跨行政区港口资源整合

北部湾经济区是我国最早推动跨行政区域港口整合的地区之一，拥有防城港、钦州港和北海港三大港口，为促进港口一体化发展，相继推动三大港口经营主体、行政主体进行整合，形成规划、建设、管理、运营的"四个统一"模式。

首先，对三大港口进行资产和经营主体整合，实现统一运营和统一建设。2007年，广西壮族自治区政府通过整合原北海市北海港股份有限公司、钦州市港口（集团）有限责任公司、防城港务集团有限公司和广西沿海铁路股份有限公司资产（自治区部分），成立广西北部湾国际港务集团有限公司，对钦州港、北海港和防城港三大港口进行统一运营、投资和建设[①]。并对各个港口的业务发展方向进行了明确分工，有效避免同类竞争问题，形成错位协同发展的格局。其中，钦州港区以集装箱和液体散货运输为主，防城港区以大宗干散货运输为主，北海港区以集装箱和件杂货运输为主。

其次，编制《广西北部湾港总体规划》，对三大港口进行统一规划。2009年，交通运输部发布公告，同意将钦州港、防城港、北海港统一归并，三港统一使用"广西北部湾港"的名称，并将其纳入广西北部湾港港口统计范围。2010年，广西壮族自治区政府批准实施《广西北部湾港总体规划》，总体构建"一港、三域、八

---

① 唐宋元. 珠三角港口群协同发展模式研究［J］. 港口经济，2014（2）：13－17.

区、多港点"① 的港口布局体系,明确各港区协同错位的功能定位。其中,防城港域是西南地区实施西部大开发战略和连接国际市场、发展外向型经济的重要支撑,定位为多功能、现代化的综合性港口;钦州港域是为临港工业开发和保税物流服务为主的地区性重要港口,定位为以能源、原材料等大宗物资和集装箱运输为主的规模化、集约化港区;北海港域是以商贸和旅游服务、临港工业为主的地区性重要港口,定位为以商贸和清洁型物资运输为主的综合性港口。2021 年,又全面推动《广西北部湾港总体规划(2021—2035 年)》编制,重新审视时代要求和发展前景,对北部湾港的空间布局和功能定位进行进一步优化。

最后,将北海市港务管理局、钦州市港口管理局、钦州市港口调度中心、防城港市港口建设管理办公室进行合并,成立广西北部湾港口管理局,并重新设立钦州分局、防城港分局、北海分局对各自港口进行管理,从而将三港的管理统一化、层级化②。通过整合管理,极大地提高了各港口的管理运行效率,卸载效率较整合前提高 30% 以上③,能够更好地服务湾区的企业发展。其中,仅统一引航费征收标准一个事项,就每年为企业减负约 1 500 万元。同时,各港口通过整合后,竞争力也得到了显著提升,北部湾港在全球港口的地位也在稳步提升,已成为全国港口增速的排头兵。

4. 国际合作:不断拓展向海开放合作

作为我国西部地区唯一的沿海地区以及内陆腹地走向东南亚、印度洋、太平洋、地中海等地的重要枢纽节点,北部湾经济区不断推动对外开放合作通道和平台建设,提升国际海洋合作开放水平。

一是构建向海通道网络。首先,在港口整合的基础上,不断提升港口建设水平,推动北部湾港成为连接海内外的重要门户。一方面,融入智慧化建设。通过与其他国际港务公司的合作,在钦州港中积极引进国际先进码头的管理理念和技

---

① "一港"指广西北部湾港;"三域"指防城港域、钦州港域和北海港域;"八区"指广西北部湾港规划期内重点发展的八个枢纽港区(渔澫港区、企沙西港区、龙门港区、金谷港区、大榄坪港区、石步岭港区、铁山港西港区、铁山港东港区);"多港点"指主要为当地生产生活及旅游客运服务的规模较小的港点。

② 魏俊辉,程军. 广西北部湾港口整合经验回顾 [J]. 交通企业管理,2020,35(2):20 - 22.

③ 中国网. 广西北部湾港三港跨区整合 散货集装箱卸载效率提高 30% [EB/OL]. (2017 - 06 - 18)[2024 - 07 - 10]. http://news.china.com.cn/txt/2017 - 06/18/content_ 41049081.htm.

术，配备智能高效的自动化装卸设备及水平运输设备，结合全过程全区域智慧安防系统、自动化集装箱码头智能运维平台系统，建成全国首个海铁联运自动化集装箱码头①。另一方面，融入绿色化建设。制订《北部湾港"十四五"绿色港口发展规划》《绿色港口（综合性码头）等级评价指南》《港口码头雨污水处理建设运营规范》等规划与行动方案，构建湾区港口绿色发展的制度体系和标准体系②。其次，积极开通国际航线，加强国际联系。截至2021年年底，北部湾港共开通外贸集装箱航线37条，其中联通至RCEP《区域全面经济伙伴关系协定》成员国港口航线28条③。

二是搭建国际合作交流平台。与东盟国家合作共建一批产业合作示范区，如中国·印尼经贸合作区、马中关丹产业园等，推动中外双边海洋经济合作发展；依托北海市的自然资源部第四海洋研究所，推进中国—东盟国家海洋科技联合研发中心建设，搭建中国—东盟海洋科技教育、中国—东盟国家海洋生物种质资源、中国—东盟国家海洋科考、中国—东盟国家海洋科技公共检测等海洋科技国际合作平台，与东盟国家海洋科研机构开展全方位的合作研究和技术攻关；积极举办中国—东南亚国家海洋合作论坛、中国—东盟国家蓝色经济论坛等，进一步促进了我国与东盟国家在海洋经济、海洋生态环境、海洋科技创新、海洋文化等领域的交流合作。

5. 生态维育：积极推进海洋生态保护与修复工作

北部湾经济区一直坚持"在保护中谋发展，在发展中平衡生态"的海洋经济发展模式，取得了良好的成效。其中，沿海红树林生态系统近十年生态监测结果均呈健康状态，近岸海域优良水质比例达95%左右，近岸海域水质连年考核均为"优"。主要采取以下措施：

一是积极探索和建立红树林保护的长效机制，打造沿海天然绿色生态屏障。全面推行红树林林长制，建立红树林巡护检查制度和举报制度，通过聘请护林员定期开展巡护，结合监控摄像，24小时有效监控红树林保护区域，实现红树林监察保护常态化。此外，在《广西红树林资源保护规划（2020—2030年）》的指导

---

① 郑壹. 推动海铁联运促进降本增效［N］. 人民日报，2023 – 08 – 18. http://paper. people. com. cn/rmrb/images/2023 –08/18/12/rmrb2023081812. pdf.

② 龙巍. 北部湾港向海向绿赢未来［N］. 中国水运报，2023 –05 –24.

③ 广西新闻网. 抢抓RCEP机遇 建设高质量实施示范区［EB/OL］. （2022 – 01 – 01）［2024 –07 –10］. https://baijiahao. baidu. com/s?id = 1720718990107944707&wfr = spider&for = pc.

下，分别编制市、区级红树林资源保护规划，并定期对规划实施情况进行监督检查①。

二是开展滨海湿地生态修复工程，提升近海流域水环境健康水平。针对冯家江水质长期处于劣 V 类，其超标污染物随江排入大海，严重影响下游 3 千亩红树林的生态健康的问题，北海市政府通过公私合营（PPP）模式，与北京排水集团、北京城建集团、中国市政工程华北设计总院联合组建北海北排水环境发展有限公司，负责冯家江水环境修复项目的设计、建设、投融资、运营维护工作②。项目采用"尊重自然"的修复方式，通过铺设截污管道、补水管道，建设雨水调蓄池等措施，提升流域的自我净化能力。对渠、库、江分类展开一体化修复，最大程度恢复自然地理格局。其中，对于渠，通过补配具有过滤和截留污染功能的植被，改造成为植被过滤带；对于库，通过破埂连通，增加水陆交换面积；对于江，将上游的虾塘改造成沿海滩涂湿地和生态湿地塘，在中游实施封滩育林，在入海口区域进行植被选择性培育，优先选择本地物种和长势良好的红树林、灌乔木③。

（三）对珠三角城市群的启示

北部湾经济区的海洋经济虽然不及珠三角城市群发达，但其不少做法依然值得借鉴。北部湾经济区通过成立专业的区域发展协调部门，制定了统一的发展规划和管理制度，有效保障了区域海洋经济协调发展。北部湾经济区率先在全国开展港口一体化整合工作，整合后的北部湾港有效避免了同类竞争问题，运行效率和竞争力都有了全面提升。珠三角城市群港口众多，功能存在部分重叠，为提高港口整体竞争力，可借鉴北部湾港口整合经验，通过资产、经营主体和行政主体的整合，实现城市群港口规划、建设、管理、运营的一体化发展。此外，北部湾经济区的海洋生态保护工作也走在全国前列，沿海生态环境整体处于健康水平。珠三角城市群直排海污水量连年增多，沿海生态环境压力较大，可以"恢复自然"为导向，通过管道截留、植被过滤等方式，提升江河的自我净化能力，严格控制各大江河的入海污染量。

---

① 广西防城港市人民政府. 抓实整改守护红树林 北钦防三市协手打造北部湾绿色生态屏障［EB/OL］.（2022 – 10 – 10）［2024 – 07 – 10］. http://www. fcgs. gov. cn/hyj/dtxx/t15023841. shtml.

② 黄尚宁，范雁阳. 国土生态修复的生动实践［N］. 广西日报，2020 – 10 – 02.

③ 中华人民共和国自然资源部. 北海冯家江：生态修复新样板［EB/OL］.（2020 – 09 – 30）［2024 – 07 – 10］. https://www. mnr. gov. cn/dt/hy/202009/t20200930_ 2563280. html.

第九章　国内外城市层面海洋经济发展经验

一、西雅图：打造全民共享的滨海文化中心

（一）　西雅图概述

1．基本情况

西雅图 1851 年建市于埃利奥特湾，位于美国华盛顿州的西部，是华盛顿州最大的城市，也是美国西北部主要的工业中心。西雅图的人口大约为 73.7 万（2021年人口普查数据），面积为 217.6 平方公里①。2021 年西雅图大都会区实际 GDP 达4 138.17 亿美元②。西雅图坐落在普吉特海湾和华盛顿湖之间的狭长地带上，拥有世界级的深水良港，滨海区一直是西雅图最精彩的形象名片和最具活力的经济空间载体。不同于大多数因港口外迁而衰败的城市，西雅图积极推进旧港区可持续更新，打造全民共享的滨海空间，全面推动了滨海功能转变与经济再生。

2．海洋经济发展概况

基于得天独厚的自然条件，传统渔业、木材加工业、采煤业以及海上运输业在西雅图得到了飞速发展，有效支撑了城市经济的发展。19 世纪末，随着克朗代克淘金热的兴起，西雅图成为众多淘金者的必经之地，造船业和商业随之崛起，带来了"大萧条"之前的短暂繁荣。"二战"时期，西雅图市政府投入了 1.5 亿美

---

① 西雅图政府官方网站，https://www.seattle.gov/.
② 美国经济分析局官方网站，https://www.bea.gov/.

元用于港口设施改造，其中采用了大量的现代化技术，使西雅图港口成为太平洋与大西洋海运贸易的中转站。到 20 世纪六七十年代，西雅图港紧抓集装箱多式联运这一机遇，发展获得了持续增长，到八十年代一跃成为美国第二大集装箱港。与此同时，海滨运输职能大幅南迁，城市核心区的港口活动停滞不前，城市与海洋之间的联系逐步减弱。2001 年，尼斯科利大地震对西雅图阿拉斯加高架路和海湾堤岸的结构造成了严重破坏，迫使西雅图政府重新审视滨水区战略性再开发与利用，并于 2010 年全面启动更新计划。该计划旨在建立连续且充满活力的滨水游憩目的地，让滨海空间成为全西雅图最具活力的艺术、娱乐和休闲目的地，吸引着越来越多的游客到访。

（二）西雅图海洋经济发展经验

1. 重塑港口岸线，擦亮滨海城市新名片

植入文化地标，点亮现代都市生活。随着产业结构调整与南部集装箱码头的建立，西雅图中央滨海区港口功能逐渐衰退，但区域形象仍带有明显的工业标签。为了扭转这一认知，西雅图大力开展滨海岸线的更新改造，以增强城市吸引力。为改善工业场地的破败景象，西雅图植入了大量的文化与休闲娱乐性质产业与地标建设。西雅图一方面借助 1962 年世博会契机，在海滨打造了地标性建筑太空针塔，在世博会期间共迎接了 230 万游客，扩张了城市影响力；另一方面针对不同人群的文化娱乐需求，不断强化滨海地区公共服务属性，打造了西雅图儿童剧场、太平洋科学中心、流行文化博物馆、玻璃艺术园等一批文化休闲新地标，赋予市民崭新的都市生活氛围。

改造历史建筑，丰富海洋文化体验。为了提升市民对海洋的认同感，西雅图政府开始对滨海区工业遗址进行改造，在充分利用原有建筑的基础上，进一步引入了休闲、餐饮、旅游、商务等多元复合业态，提升城市土地利用效率与空间品质。西雅图推动重要节点整体功能和景观更新，整合公共空间体系，为旅游业的发展提供了更多空间支撑，也极大地丰富了市民滨海活动内容（见表 9 - 1）。在开展更新项目的同时，西雅图也非常重视海洋文化品牌塑造，突出海洋城市特色。例如，将渔人码头的一栋旧船舶供应大楼改造成海事创新中心，提升西雅图的蓝色经济竞争力；利用破败的军械库和停车场打造联合湖公园，人们可以在木船中心体验丰富的海事活动，了解当地的海洋文化；将废弃工业码头改造为休闲码头，

方便游客乘坐游轮领略西雅图海上风光。

表 9-1　西雅图滨水空间功能活动类型及更新内容

功能分区	代表活动	具体更新内容
铁路+体育场区	就餐；街头庆祝；比赛日	重新设计铁路南路并增加绿化，使其成为友好且安全的交通走廊
先锋广场	休憩；慢跑；垂钓；划船；日光浴；触水	保留街道"行人通道"功能，更新华盛顿游船码头和48号码头，修复滨海栖息地并增设岩石海滩
科尔曼码头	运输；通勤；旅游；购物；观景；展览	规划具有多种服务设施的科尔曼画廊，并改造码头空间为大型观景平台，使其成为城市通勤中心
历史码头	就餐；餐饮；购物；漫步；划船；旅游	采取改善街景、增设电梯和自动扶梯等措施补充区域商业功能，并设计雨水径流系统
联合街码头+水族馆广场	节日；音乐会；就餐；公开活动；喷泉；展示	更新设计联合街码头，新建滨水摩天轮；翻新电梯与自动扶梯，在水族馆广场增加绿植、座椅及展示等并扩建
62/63号码头	滑旱冰；日光浴；音乐会；滑冰；游泳；公开活动；市场；观景	通过增设多样化娱乐设施，修复62/63号码头为主要的运动和娱乐空间
俯瞰步道区	观景；小孩游戏；攀爬；滑梯；公开活动；购物；市场	建立人性化行人联通网络，结合增设楼梯、电梯和自动扶梯等打造观景平台
贝尔镇断崖	观景；社区活动；城市农业	更新莱诺拉街和贝尔街人行天桥，增设公共设施并改善街景

资料来源：叶小军，徐家明，雷诚，等. 转型再生：西雅图滨水区可持续更新范式及启示[J]. 南方建筑，2022（10）：60-70.

重建海岸系统，重塑滨海交通体系。20世纪中期，西雅图建造了阿拉斯加路与阿拉斯加高架桥，很大程度上提升了南北向道路通行能力。但随后大量交通被引入海滨区，海滨区航运业受到较大冲击，且缺乏美感的高架桥破坏了周边社区的海滨视野。经过多方协商，政府最终决定拆除高架桥，同时提出"Waterfront Seattle"计划，旨在创造一个能够让全民共享的滨水空间。整个滨海区规划编制阶段贯彻以"为所有人使用的滨水区"（A waterfront for all）为设计理念，充分考虑公众的基本诉求。规划核心是建设一条智能高效的滨水走廊以取代阿拉斯加高架桥，沿水边建立充满活力的生态系统与公共空间，将城市核心区与复兴的海滨重新连接起来，以体现出西雅图海滨区域活力。

2. 改造中央海堤，探索海洋保护新模式

采用先进建造技术，提高灾害适应性。西雅图原有海堤建成于 1920 年至 1936 年间，承受了数十年潮汐、风浪和洋流等自然过程的侵蚀作用。21 世纪初期的地震更是给旧海堤的结构完整性带来了严重破坏，且海堤所使用的部分木板也被发现蛀坏。为了缓解沿海灾害风险，西雅图有关部门负责推进了中央海堤项目，采用了当时最先进的技术，保证新建成的海堤拥有优秀的抗震能力，且至少可以保证 75 年的使用期限。

保留物种迁徙路线，提升生物多样性。三文鱼是西雅图和太平洋西北地区的特产，对当地产业经济发展、旅游业与城市文化建设都具有重要作用。随着西雅图海滨地区经济活动愈发频繁，土地城市化程度不断深化，中央滨海区近九成的海岸线已被人工水上建筑物覆盖[1]，这使得峡谷水下环境趋于恶劣，严重影响了幼年三文鱼的迁徙，三文鱼的栖息地环境质量一直受到相关部门的深切关注。因此，在重构中央海堤的同时，西雅图也着重恢复了原始海岸线特征：在混凝土人行道结构中加入玻璃铺筑材料，以提升滨海步行道下方的自然光线照射，为三文鱼提供适宜迁徙的生态环境；在制混凝土面板上刻上纹理，吸引海洋生物的生长定居，为提高三文鱼种群和海洋生物栖息地质量作出了重要贡献[2]。西雅图将生物栖息地与市民生活的公共空间协同打造，既有助于维持海洋生物多样性，同时也能够作为西雅图市学生和市民学习海洋知识、注重生态保护的教学基地，体现出西雅图对可持续和创新发展的不懈追求[3]。

---

[1] 尹志坚，经菁，陈楠，等. 弹性设计下的城市防洪景观基础设施研究 [J]. 城市建设理论研究（电子版），2019（1）：8 – 9.

[2] https://www. seattletimes. com/seattle – news/politics/salmon – are – swimming – past – downtown – along – seattles – new – highway – for – fish.

[3] 杨雪蕾，王鹏. 美国城市中心区更新中的可持续设计策略研究：以西雅图中央滨水区景观改造为例 [J]. 建筑与文化，2018（7）：107 – 108.

3. 鼓励多方协作，共享城市发展新成果

鼓励公众广泛参与。来自大西雅图地区的数千人通过项目网站、电子邮件和其他方式，积极参与到滨海地区改造中。公众的想法与创意涵盖了海湾和海滨景观、走廊联通功能、滨水活动空间、公园与公共空间、海岸线栖息地、艺术文化和娱乐等许多方面，也为改造团队带来了许多灵感。在高架桥拆除过程中，西雅图官方也在网上发布了计划的广泛细节以征求公众意见[①]，这使各相关方最大程度上达成共识，共同参与、推进、享受城市的可持续发展。

统筹改造项目合作。起初，中央海堤项目与中央滨海区的改造设计彼此独立开展，但相关部门很快意识到这两个地理位置相邻的项目可以在规划内容上协调一致，于是景观设计师、城市设计师以及工程师共同组成了同一团队，共同谋划中央海底的重建与景观设计工作。两个项目的共同实施减少了规划浪费，同时也使得中央滨海区形成了凝聚广泛共识的公共生活空间。

建立弹性管理机制。西雅图高度重视社会各界利益相关者之间的密切合作与协同配合，市议会负责组织并协调多个城市公共机构（包括交通运输、规划发展以及公园和娱乐等部门），指导建立中央海滨委员会的设计监督、公众参与与外联、财务与合作伙伴和长期管理四个小组，多维度保障滨海改造项目顺利规划实施与推进：其中，设计监督小组的主要职能为协调设计团队与专家团体，促进多专业技术人员共同决策；公众参与与外联小组的主要职能是指导公众参与，结合各方意见及时调整设计与实施方案；财务与合作伙伴小组则是与私营、公共机构合作，为更新项目筹备长期稳定的资金来源；长期管理小组负责建立公共部门与私人部门之间的协调机制，成立"西雅图海滨之友"非营利组织（见图9-1）。

---

① 滨海区概念规划官方网站，https：//waterfrontseattle.org.

中央海滨委员会（CWC）

利益相关者及社区居民　　设计监督小组

公共机构
西雅图交通运输部
规划和发展部
公园和娱乐部

专家团体　　公众参与与外联小组

设计团队　　财务与合作伙伴小组

非营利组织
西雅图海滨之友

私营开发机构　　长期管理小组

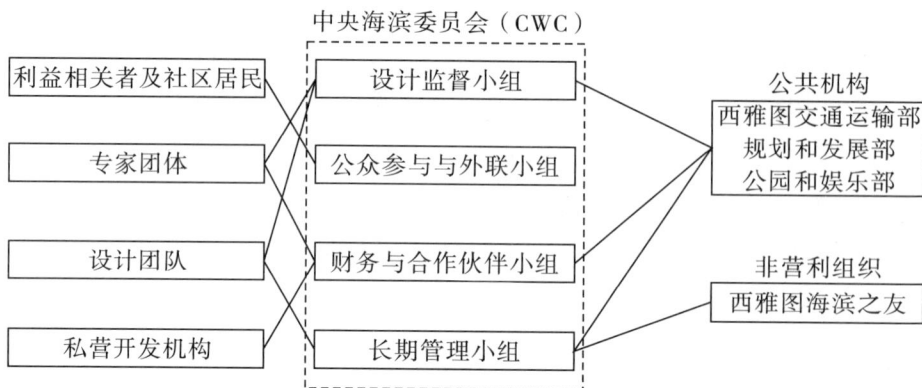

图 9 - 1　西雅图滨海项目弹性管理机制

资料来源：叶小军，徐家明，雷诚，等. 转型再生：西雅图滨水区可持续更新范式及启示 [J]. 南方建筑，2022（10）：60 - 70.

（三）对广东各市海洋经济发展的启示

西雅图通过整体规划和高效率的实施手段，利用海港区及周边腹地的更新改造行动，重新激活城市中心区经济发展动力，对城市发展及持续演进具有重要作用，其发展经验对广东各市亦有借鉴意义。

一是挖掘滨海存量空间价值，激活城市海洋经济活力。世界级滨水区往往有着独特的历史文化，西雅图通过活化海滨区与周边社区，打造了现代、创新、多元文化的圣地，是对地域文化内涵的创新探索，能够赋予城市独特的风格魅力，是塑造滨海城市品牌的重要突破口。在高质量发展背景下，广东部分地市同样面临着发展空间紧缺、国土空间品质不高等问题，可以借鉴西雅图港区更新经验，挖掘存量建设用地潜力，充分利用历史遗留建筑或空间，丰富城市用地的多重功能，激活城市发展动力。

二是统筹滨海地区整体开发，推动全民共享发展红利。西雅图滨海区的规划实施，充分尊重了当地居民的实际需要，统筹了不同领域专家的观点，形成了规划合力，共同缔造世界一流的城市滨海区。这启示广东各市在滨海开展建设时，需要采用系统性整体思维，倡导政府及其规划管理部门、设计单位、工程单位以及社会公众之间形成跨界合作理念，从横向上保障滨海地区发展目标的统一，增加地区决策中的合理性和说服力，有效推动相关项目的规划、建设与实施。

二、奥斯陆：全球领先的海洋金融之都

（一）奥斯陆概述

1. 基本情况

奥斯陆（Oslo）位于挪威东南部，是挪威的首都及第一大城市，是挪威政治、贸易、银行、工业和航运的枢纽，工业产值占全国总产值的四分之一以上。奥斯陆濒临海湾，扼守斯卡格拉克海峡，拥有挪威的第一大集装箱港口，该国一半以上的进口商品都要经过奥斯陆转运，是欧洲海运贸易的重要中心，具有发展海洋经济的天然优势。根据 2019 年全球海洋中心城市排名，奥斯陆的综合排名位列全球第七，竞争优势明显。具体而言，奥斯陆在海事金融领域具有强势地位，也是世界领先的海事技术城市。

2. 海洋经济发展概况

海洋产业在挪威全国经济发展中占据重要地位，根据不同城市所具有的资源禀赋和产业基础，挪威打造分工明确、各有所长的海洋产业城市。其中，奥斯陆专注于海事服务领域，特别在海洋金融各领域具有明显的竞争力。

奥斯陆拥有两家全球领先的航运银行（Nordea、DNB），并拥有以海事为重点的证券交易所（奥斯陆证券交易所）以及领先的保险和经纪实体，其金融体系涵盖了银行、保险、证券、投资等不同机构，尤其重视航运、海工、油气设备及开发的专项业务，由此积累了明显的国际竞争优势。以海工设备出口为例，奥斯陆海洋金融部门可以提供传统银行信贷、出口信贷及担保、债券、股权融资、PE（私募股权投资）以及 MLP（有限合作基金）等金融服务，产业链附加值与国际化程度优势显著。此外，从数量上看，奥斯陆约有 1 980 家海事相关企业和 8 500 名海事部门员工，其中上市航运公司总部数量上全球排名第一，这些企业包括世界上最大船厂、船舶经纪商、保险经纪商等。

（二）奥斯陆海洋经济发展经验

1. 完善产业集群，夯实海洋金融需求基础

完善的产业集群能够不断刺激金融新业务的诞生，从而为奥斯陆金融服务业

的发展提供了需求基础①。奥斯陆海洋产业体系的完整度与发展程度在全球城市中名列前茅，包括法律服务、金融服务、设计咨询等领域都有龙头企业带动，因此奥斯陆海事行业相对于其他城市竞争力更为突出。目前，奥斯陆融资领域链条完整，前端有船级社、海工装备、航运物流、货运代理等领域的大型企业，中端有银行、证券、保险、出口信贷等机构提供专业金融服务，后端有海事协会与高校提供人才支撑与咨询服务，完整的产业体系使奥斯陆领先于纽约、新加坡、汉堡和香港等同类海洋城市，具有全球领先的竞争力。

产业集群的完善离不开强大的科技创新能力。奥斯陆打造的奥斯陆创新中心，吸引奥斯陆大学、斯堪的纳维亚最大的独立研究组织科学和工业基金会以及康斯伯格集团入驻，形成该地区首屈一指的商业孵化器。奥斯陆通过海事研究为创业企业提供有利环境，形成了"政产学研"一体化的科学研究与人才培养体系。研究开发投入全面多元，奥斯陆在海工、海事、生物制药等领域培养了大量的人才。与此同时，政府部门也在积极推动海事技术的对外交流，促进从设计到建造，从设备到集成的全方位全链条技术突破。例如，挪威国际海事展（Nor - Shipping）是世界知名的航运海事专业贸易展会，每两年在奥斯陆举行一次，为来自世界各地各行业的专家学者、涉海企业和采购商搭建了良好的交流平台，拓展了合作契机，同时也向国际社会充分展示奥斯陆在高科技船舶和海洋开发建设领域的龙头地位，扩大了奥斯陆的城市影响力，促进了海洋产业的进一步发展②。

除了政府的创新政策支持，企业自身也具有向高新科技转型的内部动力。例如，位于奥斯陆西郊峡湾的挪威船级社（DNV）将5%的营业所得收入投入创新研究，重点开展人工智能和绿色低碳等关键技术攻关。一是利用数字化和现代检验技术强化产业配套服务，成为全球首家运用无人机技术改进船舶检验的船级社；二是作为《联合国气候变化框架公约》授权的第三方核准认证机构，积极应对气候变化，主动推动船舶能源转型和绿色航运相关行动，在绿色航运相关标准更新方面作出了突出贡献，支撑了有关技术的发展③。

2. 加强风险管控，保障金融行业稳健发展

科学防范金融风险是海洋金融产业发展的重要议题。以奥斯陆贷款额度居世

① 林香红. 挪威海洋产业发展态势研究 [J]. 海洋经济, 2020, 10 (6): 77 - 80.

② 陈金路, 赖敏斌, 郑向远, 等. 全球海洋中心城市建设背景下深圳参与国际海洋治理的思考与建议 [J]. 海洋开发与管理, 2022, 39 (9): 80 - 92.

③ 赵博. 奥斯陆: 创新底色 [J]. 中国船检, 2022 (2): 16 - 19.

界之首的航运类银行贷款为例，如此巨大的贷款额背后，需要强大的风险评估、检测与预警体系作为支撑。奥斯陆在海洋金融风险管控方面，具有以下特点：

一是监管制度完善。挪威金融管理局在航运、海洋工程等领域对银行的信贷策略和信贷政策进行及时评估，促使奥斯陆海洋金融发展更为稳健。

二是格外注重金融行业的市场化运作。奥斯陆拥有一个强大的区域创新支持系统，包括技术转让办公室、科技园区、企业孵化器、风险资本等，援助企业商业化过程，给企业和项目提供发展思路，帮助企业进入国际市场。

三是充分发挥政府的引导作用。奥斯陆很多金融机构（如挪威银行、挪威出口信贷银行和挪威出口担保机构）都有国有背景，但它们都遵循全市场化经营机制，政府机构并不干涉金融机构的运作，在业务安排上彼此互补、各有侧重，避免恶意竞争。在政府的严格监管引导下，奥斯陆的银行高度重视海洋金融服务风险防范机制的建立：首先，对于过度的风险承担加以防范，主要采取市场化的定价机制与常态化沟通等措施，实现信息公开透明，进而对风险进行规避；其次，高度关注客户的长期信用记录；最后，对信贷的定价进行评估，强化出口信贷担保机制，实施海洋金融信用风险控制①。

3. 布局绿色投资，推动区域海洋保护行动

与全球各个海洋城市一样，海水变暖、冰川消退以及海洋塑料垃圾污染等自然和人类活动威胁，一直制约着奥斯陆的海洋可持续发展。为实现海洋可持续发展目标，奥斯陆重点从两个方面着手：一方面，高度关注海洋资源开发的长期效益，并借助自身作为机构投资者的"权力"，采用政策性金融工具引导涉海企业向"循环经济"过渡②。2018 年，位于奥斯陆的挪威央行投资管理公司指出涉海企业应该遵守联合国海洋法公约，考虑对海洋可持续性的社会和环境后果③。2023 年，挪威央行投资管理公司发布了《Ocean Sustainability – Expectations of companies》，进一步强调了金融投资者对涉海企业开展经营活动的期望。与此同时，挪威央行

---

① 冯猜猜，胡振宇. 海洋金融助力深圳全球海洋中心城市建设研究［J］. 特区经济，2019（9）：11 – 15.

② SUMAILA R U, WALSH M, HOAREAU K, et al. Financing a sustainable ocean economy［J］. Nature Communications, 2021, 12；3259, Doi：10. 1038/s41467 – 021 – 23168 – y.

③ Norges Bank Investment Management. Expectations on ocean sustainability.［EB/OL］. (2018 – 09 – 05)［2024 – 10 – 09］. https：//www. nbim. no/en/the – fund/news – list/2018/ expectations – on – ocean – sustainability.

投资管理公司也开始计划削减对石油领域的投资①。2021 年，挪威央行投资管理公司所运营的挪威主权财富基金宣布将采取更积极主动的行动，推动绿色产业投资项目，宣布计划当日就对丹麦沃旭能源（Orsted）在荷兰外海的 Borssele 1 号和 Borssele 2 号风力发电场分别投资 50% 的股份，总计投资 13.75 亿欧元以促进可再生能源产业的发展②。另一方面，作为挪威首都的奥斯陆不断发挥地域优势，在海洋可持续领域搭建多边对话机制，积极与更多地区实现互利共赢和可持续合作发展。一是积极承办大型展会与国际研讨会议，持续推动各方面有效落实各项公约决定。1972 年，欧洲多国在奥斯陆签署了《防止船舶和飞机倾废造成的海洋污染公约》（又称《奥斯陆公约》），随后又在此基础上与《巴黎公约》合并为《保护东北大西洋海洋环境公约》（又称《奥斯陆—巴黎公约》），采取一系列措施减少石油与天然气行业的排放物，为西欧、北欧多国海洋治理设定了政策框架③。二是依托挪威发展合作署（Norad）与联合国海洋十年（海洋十年）以及联合国教科文组织政府间海洋学委员会保持紧密合作。通过资金援助支持发展中国家在气候行动、生物多样性、水和海洋管理以及减少灾害风险等方面开展有关行动④，在参与国际海洋治理的过程中不断提升其城市地位，扩大其城市影响力。

（三） 对广东各市海洋经济发展的启示

奥斯陆海洋金融等海事服务产业位居世界前列，这主要得益于完善的产业链条、先进的管理模式和高科技投入带来的经济效益。除了在海洋经济领域的竞争力与影响力，奥斯陆在海洋生态保护和修复等方面也积累了丰富的经验，力图通过可持续生态系统管理与投资促进社会经济可持续发展，是国际海洋治理最积极的倡导者。

总结来看，广东各市可以从以下三个方面借鉴奥斯陆的海洋经济发展经验。

①　The largest sovereign fund in the world pledges to save the ocean from plastic pollution. ［EB/OL］. （2018 – 09 – 10）［2024 – 10 – 09］. https：//www.novethic.com/sustainable – finance/isr – rse/the – largest – sovereign – fund – in – the – world – pledges – to – save – the – ocean – from – plastic – pollution – 146296.html.

②　闫磊. 挪威主权财富基金涉足绿色投资 ［N］. 经济参考报，2021 – 04 – 09.

③　赵承彬. 国际海洋倾废制度研究及中国的海洋倾废管理 ［D］. 青岛：青岛大学，2009.

④　Norway continues its support to UNESCO with focus on ocean science for sustainability ［EB/OL］. （2022 – 12 – 01）［2024 – 10 – 09］. https：//oceandecade.org/zh/news/norway – continues – its – support – to – unesco – with – focus – on – ocean – science – for – sustainability/.

一是重视金融产业的专业性与完整度。奥斯陆在打造海洋金融之都的过程中，不断完善从制造到服务的产业链条，促进海洋实业与海洋金融的结合，实现海洋经济结构从石油资源开发向海洋金融服务的转变。广东各市也可以奥斯陆的发展路径为借鉴，进一步将政府宏观调控与市场基础调节有机结合，营造良好的投融资环境，发展现代海洋金融产业，充分发挥海洋金融在优化资源配置、助力传统海洋产业转型升级等方面的作用。二是强化制度顶层设计，推进可持续发展。广东各市可以金融性政策引导涉海企业参与海洋可持续发展，深入探索海洋可持续领域的投资模式，形成更优、更高质量的海洋经济发展路径。三是强化金融风险管理。奥斯陆政府在大力推进海洋金融市场化发展的同时，也在着力健全风险研判机制，加强风险防控。广东各市在海洋经济发展过程中也应协调好政府主动监管与市场运作的关系，不断搭建完善监管规则和标准体系，持续优化经济环境。

三、鹿特丹：建设面向未来的港口城市

（一）鹿特丹概述

1. 基本情况

鹿特丹（Rotterdam）是荷兰第二大城市，位于荷兰西部南荷兰省，包括郊区人口共约 102 万。鹿特丹区位条件优越，毗邻大西洋、身处马斯河畔、占据着流经五国的莱茵水系通往北海的出海口，坐拥"莱茵—马斯—斯海德尔三角洲"的战略性位置，这为海洋经济的发展奠定了天然优势，也由此成就了鹿特丹的繁荣。

2. 海洋经济发展概况

在漫长的历史进程中，鹿特丹港口始终占据城市中心位置，城市功能紧密围绕着港口职能构建。20 世纪 50 年代中后期，鹿特丹开始兴建现代化的大港，港口和工业区逐步西迁离开老城，新港区由老城沿新水道向北海绵延 40 公里，其面积由"二战"后的 26.3 平方公里逐步扩张至超过 100 平方公里，现已成为欧洲最大的海运集群中心。

港口繁荣带动了鹿特丹的整体发展。鹿特丹港是欧洲第一大港，是全球最重要的物流中心之一，既是欧洲最大的原油、石油产品、谷物等散装货转运地，同时又是世界第六大集装箱转运港口，拥有 500 多条航线的船籍港或停靠港，通往全

球 1 000 多个港口，货运量占荷兰全国的 78%，整个荷兰 6.6% 的 GDP 都与鹿特丹港有关①。鹿特丹涉海产业类型以临港产业和物流产业为主（见表 9 - 2）。其中，临港产业是鹿特丹的特色，主要通过海洋经济的辐射带动实现重化工业、船舶制造业、仓储物流业和航运服务业等产业拓展，促进港口与腹地经济一体化发展。此外物流业也是鹿特丹港主导产业，港区规划建设了几千公顷的大型物流园区，同时在内陆布局"干港"以增强港口的承载能力②。鹿特丹当地有超过 5 000 家运输和物流行业的公司，铁路、公路、水路和空中交通均高度连结，是整个欧洲连接性最好的城市之一。

表 9 - 2　鹿特丹港主要涉海产业类型与发展现状

产业类型	发展现状
石油化学工业	石油精炼和石油化工是鹿特丹临港工业中的主导产业，鹿特丹化工园是世界最大的炼油和石油化工中心之一，拥有 4 个世界级的精炼厂、超过 40 家化学品和石化企业、4 家工业煤气制造企业和 13 家罐装贮存和配送企业
船舶建造业	鹿特丹港拥有 7 个大型的造船厂，并拥有 30 多个浮船坞生产和建造巨型油轮、大型货轮以及集装箱专用船等，同时还可以生产满足海上作业需求的工具船，以及大型闸门、桥梁构件、沉井等水工制成品等
仓储物流业	在鹿特丹港建有埃姆物流园区、博特莱克物流园区和马斯莱可迪物流园区 3 个物流园区，园区主要通过货物的合理配置来满足各个国家和地区客户对于再包装、标签、称重、装配、质量监控、配送、海关等不同环节的要求
航运服务业	鹿特丹港区及其周边地区聚集了与航运服务相关的产业，如船舶分级、船舶配件供应、船舶监测、船舶物资补给、船舶检查测试、船舶保养、废物处理、船舶修理和船员招募与更换等相关服务；同时，随着信息化时代的来临，金融、信息、保险、代理和咨询等服务业也得到了快速发展

资料来源：李红兵，佟东. 荷兰鹿特丹港城一体化发展的思考 [J]. 中国国情国力，2014（11）：70 - 72.

尽管受到国际经济形势影响以及周边城市快速发展带来的竞争压力，近年来鹿特丹涉海经济增长速度略有放缓，但在荷兰仍然保有绝对领先优势。2022 年，

① 鹿特丹港务局官网，https：//www. portofrotterdam. com/en/news - and - press - releases/rotterdam - effect - economic - significance - port - twice - high - previously.

② 逯新红. 国际典型海洋经济集聚区发展经验 [J]. 中国投资（中英文），2020（Z0）：47 - 51.

鹿特丹港仍然取得了非常不错的成绩，全年实现总吞吐量 467.4 亿吨，收入增长 6.9%，达到 825.7 亿欧元①。

（二）鹿特丹海洋经济发展经验

1. 优化营商环境，扩大港口影响

优化营商环境，实施优惠政策。尽管鹿特丹港向来自欧盟外的货物征收关税、增值税，但鹿特丹同时实施了更为灵活、便利的保税措施，促使鹿特丹港成为高标准国际自由贸易港。例如，园区内采取加工贸易暂免原料进口关税、加工完成后再按制成品税率缴交关税的政策，对制成品税率较低的行业如制药、医疗及通讯行业等极具吸引力②。此外，鹿特丹通过简化入关手续、实行自由贸易、减少对外商限制等优惠措施，极大提升了港口过境交易量，促进了港口经济的繁荣发展。

利用港口优势，发展腹地经济。鹿特丹的腹地经济涉及欧洲超过一半的国家，这一范围集聚了大量企业和高收入群体，为鹿特丹港口经济发展提供了得天独厚的优势与保障。鹿特丹打造了"一站式"现代综合配套服务，加强物流链上下游资源整合与集成，将物流服务深度嵌入临港工业体系，完成了从规模经济到创新经济的跃迁，促进了港口所在城市与腹地经济的协同发展。

完善经营模式，提升运营效率。鹿特丹采取政府统一规划、建设和管理、企业自主经营的模式，推动港口的国际化建设。政府拥有鹿特丹港的全部股权，鹿特丹港务管理局负责对港区实施统一开发，包括土地、码头、航道等各类设施的布局，以及港口工业园区的筹备建设，港区营业收入也将重新投入到港口建设之中。此外，港务局还负责提供船务运输管理工作。私营企业可以通过租赁取得港区内土地的所有权或使用权，个体只需采购机械设备、仓库和其他配套。这样的经营模式有利于减少政府的财政和运营负担，合理分摊港口建设的资金压力，港口整体开发和综合建设也可以规避企业盲目开发建设。

2. 支撑创新发展，打造智慧港口

创新模式支撑高层次发展。荷兰独创的集结政府、企业与高校三方力量的

① 鹿特丹港务局官网，https：//www. portofrotterdam. com/en/news – and – press – releases/port – of – rotterdam – throughput – virtually – unchanged – in –2022 – despite – war – and.

② 陈颖君，黄景贵. 鹿特丹自由贸易港发展经验及对海南自由贸易港的启示 [J]. 中国经贸导刊，2021（5）：8 – 12.

"三螺旋"模式，在鹿特丹也得到极好的实践。除了政府的积极支持与企业的活力，鹿特丹伊拉斯姆斯大学、伊拉斯姆斯大学医学中心和代尔夫特理工大学也在为当地源源不断地输送技术和商业人才。鹿特丹还积极推进产学研用联盟的建立，组建了智慧港口研究中心。该中心由当地及周边的重量级国际知名研究机构和高校共同建设，旨在加强相关基础研究，布局前瞻性创新研究，引领鹿特丹港口向智能化、绿色化发展。

创新成果成就智慧港口。近年来，鹿特丹港持续推进数字技术应用，通过人工智能、大数据、云计算等技术手段，提升码头自动化水平。鹿特丹港主要使用Portbase系统提供智能化的开发、管理和运营服务，从船舶停靠、进口货物管理、腹地运输组织以及出口货物管理等方面（见表9-3）大幅提升港口运营效率与综合服务能力、深入推进绿色可持续发展[1]。

表9-3 鹿特丹港 Portbase 系统主要应用场景

产业类型	发展现状
船舶停靠	海关和港口主管部门等管理人员可及时通过 Portbase 系统获悉船舶抵达、货物和始发国等有关信息，便于散货和集装箱板块的代理商、船运公司和船舶经纪人快速推进船舶停靠的物流流程
进口货物管理	Portbase 系统将透明有效的信息预先传输给海关和食品及消费品安全管理局等所有相关方，利用线上信息的快速交互简化物流流程
腹地运输组织	公路运输运营商、驳船运营商和铁路货运商可使用 Portbase 系统提供的服务，在港口交付和使用货柜；对于经港口运输的货物，Portbase 系统会提前通知码头并发送所有所需信息，为供应商提供更为便捷的信息获取方式
出口货物管理	Portbase 系统能够为货运代理、出口商、代理商、船舶经纪人和船运公司提供一站式出口手续办理方案；Portbase 系统对传统散货和集装箱运输流程进行了全面革新，为包括码头和海关在内的所有相关方提供最佳信息，并提供最佳且高效的物流方案

资料来源：蔡欧晨. 欧洲港口社区系统促进港口物流智慧发展的启示 [J]. 水运管理，2021，43（9）：20-24.

---

[1] 罗本成. 鹿特丹智慧港口建设发展模式与经验借鉴 [J]. 中国港口，2019（1）：20-23.

3. 促进港城融合，助推城市转型

彰显特色，全面提升城市形象。从 20 世纪 80 年代开始，鹿特丹致力于塑造极具现代感的壮美城市天际线，作为吸引视线的利器。鹿特丹着力将南岸北岛及南头区建设成为城市新中心，在面向老城的威尔海明娜码头北面，密集布置、新建极具视觉冲击力的高密度现代建筑，全面提振城市形象，强化对知识经济产业及高收入居民的吸引。

场景营造，保留海洋城市记忆。鹿特丹鲁文港在旧港口的基础上打造了鹿特丹海事博物馆，作为全景复现鹿特丹海港记忆、可游览的城市休闲片区，将船只、桥梁、港口起重机等设施转化为旧港口的文化符号。在展览空间上，海事博物馆与户外港口博物馆实现整合打造，成为展示荷兰航运文化的巨型场景。在展览内容上，海事博物馆更侧重于游客自身的体验，游客可以参观历史船只、军舰，也可以在工作室中沉浸体验船舶装置、锻造技术，学习航海知识，小朋友也可以在博物馆自己掌舵，体验航海乐趣。

借港造城，吸引新兴产业进驻。随着传统工业逐渐丧失发展活力，鹿特丹希望在保持工业、港口物流等优势产业的基础上，进一步发展知识经济与服务业。鹿特丹针对南岸滨水港区的部分旧建筑进行改造，进一步拓展新城功能，牵引城市产业结构向现代服务业转型：如建于 1953 年的拉斯帕尔马斯大楼，本是传统船舶车间，经过改建成为南岸的文化商业综合体；建于 19 世纪的荷兰美国航运公司总部，在废弃后被改建为纽约酒店。目前，南部新城吸引了港务局等公共机构以及文化传媒、金融、商业企业的入驻，为城市发展注入了更多可能。

（三）对广东各市海洋经济发展的启示

鹿特丹是欧洲乃至全球领先的港口城市，通过不断优化营商环境，提高海洋产业科技附加值，重塑城市生产、消费与生活方式等措施，有效地应对了经济形势冲击压力，对广东各市有一定的借鉴意义。一方面，广东各市要结合城市自身资源禀赋和竞争环境，紧密跟踪全球海洋经济发展态势，促进产业创新，完善港口运营政策，助推海洋经济带动腹地经济，推进陆海统筹发展。另一方面，广东各市要充分发挥政府在推进科技研发与创新成果孵化中的引导作用，协同涉海企业和行业协会共同创新，借鉴鹿特丹支撑创新发展，打造智慧港口的经验，深入推进现代科技在海洋产业中的应用，引领海洋产业向更高层次发展。

四、伦敦：领航世界的高端海事服务中心

（一）伦敦概述

1. 基本情况

伦敦是英国首都，位于英格兰东南部平原、泰晤士河两畔，由伦敦城和 32 个市区组成，整体面积 1 580 平方公里。2018 年，伦敦市总人口数为 890.8 万。伦敦是英国的政治、经济、文化、金融中心，是欧洲最大的经济中心、世界重要的经济中心、金融中心和航运中心，是一座全球领先的世界级城市。伦敦拥有一体化的海、陆、空交通体系，通过伦敦可以直达全球大部分地区。伦敦港地处英国东南沿海泰晤士河下游的南北两岸，全长达 80 海里，曾经是世界上最大的港口。但河道的先天限制条件，注定了伦敦港无法承载越来越大的集装箱货轮。因此，港口不断向远离伦敦的入海口迁移，伦敦港口功能急剧萎缩，逐渐落后于欧洲其他港口，但伦敦航运交易、航运融资、海事保险、海事仲裁、船舶经纪、船舶登记等海事服务业仍在继续发展。伦敦在航运中心城市排名中连续多年稳居全球第二，处于稳定发展态势。在《新华·波罗的海国际航运中心发展指数报告（2023）》中，伦敦依然保持着高端航运服务的领先优势，且在报告涉及的各项细分领域中均位列全球前五。

2. 海洋经济发展概况

16 世纪，新航路开辟带来了英国经济的整体繁荣，也给伦敦海洋经济创造了更多的贸易、商业机会，伦敦港口航运业务得以稳定发展。18 世纪，伦敦港口和航运活动的积累和集聚，造就了伦敦国际航运中心的地位。19 世纪末至 20 世纪，战争对英国经济运行秩序造成了严重破坏，再加上第二次工业革命后国际贸易体系发生了深刻变革，英国国际竞争力逐步落后于后来居上的美国、德国。20 世纪中后期，其他国家采取了一系列优惠政策吸引大批在英国内登记的船队移籍，这导致英国公司拥有的运输吨位和海员人数不断减少，英国航运业务经历了很长一段时间的衰落。

尽管港口吞吐业务萎靡不振，但伦敦以 300 多年航运服务经验为积淀，依托原有的船舶市场积累，不断吸引国际航运要素集聚，加速向高端服务业转型，高端

航运服务的综合竞争力得到了空前提升。迄今为止，伦敦仍然是世界公认的第一航运中心，被评为最具有直接增值价值的海事集群。据估计，2015年伦敦的海事行业直接贡献了43亿英镑的总增加值（GVA）（占全部产业的29%）和3.58万个工作岗位（占全部产业的19%）。在考虑间接贡献价值的情况下，伦敦对总增加值（GVA）的总贡献上升到89亿英镑（占全部产业的26%）和23.6万个工作岗位（占全部产业的28%）①。在伦敦及其周围，约有5 000余家公司专为国际航运提供专业服务，如国际航运业权威机构德鲁里航运咨询公司、国际海事权威机构劳氏船级社、国际造船业权威机构克拉克松研究公司、国际集装箱运输权威集装箱化国际资讯中心等均设在伦敦②。

伦敦海事行业主要有三个发展方向：

（1）海事仲裁。海事仲裁是解决世界航运贸易纠纷的重要途径，是海运事业不可或缺的重要产业。伦敦既是国际航运中心同时又是国际海事仲裁中心，凭借这一优势，伦敦在海事纠纷仲裁方面得到了世界各国和地区众多航运公司和造船集团的青睐，伦敦每年的海事仲裁和相关航运服务收入就占航运业总收入的45%③。伦敦受理的海事仲裁案件来源也具有鲜明的国际化特征，2021年伦敦国际仲裁院的受案量达到377件，其中85%以上案件的一方当事人来自英国之外④。

（2）航运金融。航运业加强了世界各国之间的经济活动关联，航运金融也由此在国际金融市场中占据重要地位。伦敦拥有外国商业银行的数量远远超过其他国际金融中心，同时伦敦航运金融市场体系完善，规模在世界范围领先，主要包括新船及二手船交易市场、航运市场、银行同业拆借市场、离岸金融服务市场等类型。

（3）海上保险。伦敦是世界领先的海运保险中心，能够处理航运中的各类保险需求，在2015年海上保险业务直接为英国总增加值（GVA）贡献30亿英镑，并提供约6 000个工作岗位。长期以来，英国伦敦保险协会所制定的各种保险规章

---

① Moritime UK. Value of the maritime sector［EB/OL］.［2024 - 09 - 03］. http://www. maritimeuk. ogr/value - 2017.

② 胥苗苗. 英国新政巩固伦敦航运中心地位［J］. 中国船检，2013（10）：32 - 34.

③ 陆化普. 交通强国建设的机遇与挑战［J］. 科技导报，2020，38（9）：17 - 25.

④ 毛晓飞. 域外国际商事仲裁中心发展的路径模式［EB/OL］.（2022 - 11 - 24）［2024 - 07 - 11］. https://epaper. gmw. cn/gmrb/html/2022 - 11/24/nw. D110000gmrb_ 20221124_ 1 - 14. htm.

制度对世界各国有着广泛的影响。很多国家在海上保险业务中直接采用或在制定本国保险条款时参考该协会货物条款。

（二）伦敦海洋经济发展经验

1. 发挥遗产优势，引领世界规则体系

伦敦海事产业的发展具有悠久的历史，伦敦依靠时区、语言、文化和可靠性等优势积累了丰富的海事遗产，最为主要的是海洋法律体系。英国在复杂的海商海事纠纷方面先行先试，积累了更多的实践经验，法律制度相比于其他国家更为成熟，且具有广泛且显著的国际影响力。20 世纪 60 年代，英国航运界在伦敦成立伦敦海事仲裁员协会（London Maritime Arbitrators Association，LMAA）。该协会连续制定并运作的海事仲裁程序规则在世界范围内具有引领性作用，这使得伦敦海事仲裁在国际海事仲裁业中始终占据制高点[①]。发展至今，英国以伦敦为中心建立起完善的金融、担保、海商法律机制，海事仲裁的公正性和权威性得到广泛认可，大部分海事合同使用英国法签订，首选仲裁地基本都是伦敦，其行业规则也被全球海事仲裁案件广泛引用。此外，英国有大量经验丰富的法官和仲裁员等仲裁专家，案件审理相对便捷，可以将管理成本降至最低，为进一步巩固和增强伦敦作为世界上最重要的海事仲裁中心的地位奠定了坚实的基础。

2. 推动行业合作，促进产业集群发展

伦敦既是全球海洋中心城市，也是全球领先的金融城市。伦敦不断推动海事业务与金融业务高度融合，衍生出以融资交易、保险证券等海事金融业务为核心，海事仲裁、船舶经纪、船舶注册、船舶代理、航运咨询等高端服务业为辅助的配套产业体系。尽管伦敦在传统船舶租赁、公共股本金融等方面并不一定拥有最强的竞争力，但伦敦综合金融与服务可得性及完备性处于世界领先地位，在海洋金融领域已经形成了一个有效的问题处置系统[②]，逐步形成对全球航运资源的垄断和配置，最终造就了国际海事服务中心的形成。

除此之外，伦敦海洋经济行业协会也在协调各方合作、促进产业发展方面发

---

① 谢少华. 关于香港国际航运中心发展的几点思考 [J]. 世界海运，2011，34（4）：13 – 17.

② 王列辉. 高端航运服务业的不同模式及对上海的启示 [J]. 上海经济研究，2009（9）：99 – 107.

挥着重大的作用。伦敦海事促进署是英国海事行业协会的代表，基本囊括了伦敦从事海洋经济和海洋金融的主要机构，主要通过搭建行业与政府间政策沟通、讨论及反馈的桥梁，传达统一的行业利益政策口径和政策诉求，提出适应变化的政策建议和行业发展建议等措施，促进了政府与企业、企业与企业之间的协调配合，推动了海洋经济的集聚发展。

3. 顺应产业规律，调整港城空间布局

空间布局与产业发展有着紧密的关系，也会依据产业发展和城市建设的实际规律而产生变化，因此协调港城间关系是海洋城市建设过程中的重要任务。我们梳理伦敦港城发展历程可以发现，伦敦通过不断优化港城空间布局适应当前城市发展具体需求①。起初，伦敦依托港口贸易迅速发展，土地扩张主要服务于港区建设。自20世纪40年代起，国际贸易呈现集装箱化发展趋势，伦敦港诸多浅湾码头走向没落，曾是世界最大港区的道克兰港区也陆续关闭，伦敦的港口与城市开始割裂发展。20世纪70年代，随着金融服务业进入快速增长阶段，伦敦以原有的港口码头区域为基础，逐步注入非海运的商业和娱乐功能，并以波罗的海航运交易所为核心，发展航运融资、海事仲裁、海事保险等高附加值产业，从而延伸航运服务产业链条，促进了伦敦金融城的崛起②。

4. 加强政府扶持，塑造国民海洋意识

在海洋城市发展中，政府的政策扶持与配套服务是吸引要素聚集的重要因素。伦敦政府非常注重高质量海洋人才的培育工作，英国近八成的海洋研究机构和高校均位于伦敦，如帝国理工、牛津、剑桥等高校的地球和海洋科学学科排名均占据全球前十，而且英国国家海洋学中心和普利茅斯海洋实验室两大国际一流海洋研究机构也为伦敦海洋科研教育提供了坚实支撑。海事服务教育集群全面涵盖了海事金融与保险、海事经纪与法律、海事安全与政策、海事考古、水道测量等领域，教育体系包含短期培训、本科、硕士以及博士等多个层次③④。国际化的学习

① 温文华. 港口与城市协同发展机理研究［D］. 大连：大连海事大学，2016.

② 刘小辰. 伦敦港航运服务中心发展经验对天津港的启示［J］. 城市住宅，2020，27（1）：185－186.

③ 董文海. 英国海事服务教育集群现状与启示［J］. 航海教育研究，2014，31（2）：16－19.

④ 朱晓玲，高玲玲，周荃，等. 上海国际航运中心建设与海事语言及复合型人才培养［J］. 港口科技，2017（9）：47－52.

及交流氛围与具有国际化视野的航运人才，帮助伦敦长年稳居国际航运中心地位。伦敦还一直鼓励海事出版和活动组织行业的发展，不断提高英国民众对航运专业知识的认识，激发年轻人对于海洋的认同感，吸引他们从事海上职业或海事服务领域的后续工作。

伦敦政府也在积极促进国际海洋文化交流，依托海洋会展与论坛等交流宣传活动树立海洋城市品牌，吸引国际组织、政府机构、企业、采购商等前往伦敦，提升城市吸引力与竞争力。例如，英国伦敦海洋技术及工程设备展览会创立于1969年，两年举办一次，是欧洲最大规模、发展迅速的海洋技术与工程设备展览会，也是英国海事行业的供应商和分销商交流最新产品信息及行业资讯的商业平台，同期也会举办国际级会议和多专题讨论会，宣传海洋产业的新进展与新技术，为提升海洋城市软实力作出了突出贡献。

（三） 对广东各市海洋经济发展的启示

伦敦高端海事服务业达到了世界领先水平，成为英国海洋经济重要的增长点，并助力伦敦成为全球海洋金融中心，其发展海洋经济的经验值得广东各市借鉴。首先，法律框架是海洋服务产业的基石。伦敦依靠历史经验积累在现代海洋体系中拥有航运金融、法律、仲裁等资源掌控权，为高端海事服务业的发展奠定了基础，启示广东各个具备航运业务功能的城市要努力创新和完善相关地方性法规，加强海事业务交流与培训，完成从适应规则到制定规则的转变。其次，应该明确政府与市场的关系。从伦敦的经验来看，政府的大力扶持与行业自主发展相辅相成，从而释放了海事行业自身的发展活力，因此政府要找准服务边界与管理边界，营造让企业安心的良好环境。最后，要发挥行业协会的引领作用。行业协会具有专业、信息、人才、机制等市场资源配置方面的优势，能够起到很好的整合资源、促进合作的作用，一方面可以通过沟通交流，寻求政府在政策等方面的支持；另一方面也可以为会员企业提供投融资服务与发展指导。广东各市也应充分发挥行业协会作用，支持建立相关产业联盟，加强行业自律和规范发展，实现技术和资源共享。

五、上海：推进海洋领域中国式现代化的开路先锋

（一）上海海洋经济发展概况

上海地处长江入海口，交通便利，腹地广阔，蕴含着丰富的淡水、泥沙、滩涂湿地及生物资源，拥有良好的航道和岸线。上海是世界经济与贸易的中心城市，既有优越的地理区位和海洋资源优势，同时又有政策、技术与人才的集聚优势。根据上海第一次全国海洋经济普查，上海形成全市涉海单位名录 7 494 家。在重点平台建设方面，浦东新区和崇明（长兴岛）分别获批全国海洋经济创新发展示范城市和海洋经济发展示范区。2021 年，上海成为我国内地首个海洋生产总值超万亿的城市，拉动了同年全市近四分之一的 GDP①。发展高质量海洋经济是国家交予上海的重要任务，同时也是上海经济转型升级的内在要求。近年来，上海高度重视海洋资源的开发利用和海洋产业的培育建设，取得了显著成绩。

根据上海市海洋局发布的《2022 年上海市海洋经济统计公报》，2022 年上海市实现海洋生产总值 9 792.4 亿元，同比名义增长 1.8%，占当年全市生产总值的 21.9%，占当年全国海洋生产总值的 10.3%。在海洋生产总值中，海洋产业②增加值 2 685.3 亿元，海洋科研教育增加值为 373.5 亿元，海洋公共管理服务增加值为 2 637.7 亿元，海洋上游相关产业增加值 1 903.7 亿元，海洋下游相关产业增加值 2 192.1 亿元，五大产业类型分别占比 27.4%、3.8%、26.9%、19.4%、22.4%。在海洋产业内部，海洋旅游业占比最大，占全市海洋产业增加值的 48.6%；海洋交通运输业次之，占全市海洋产业增加值的 41.7%；海洋船舶工业和其他海洋产业合计占全市海洋产业增加值的比例分别为 6.9% 和 2.8%（见表 9 - 4）。

---

① 卜羽勤. 上海向海：海洋生产总值已超万亿打造全球海洋中心城市［N］. 21 世纪经济报道，2022 - 09 - 19.

② 根据《2022 年上海市海洋经济统计公报》，海洋产业包括海洋旅游业、海洋交通运输业、海洋船舶工业、海洋油气业、海洋化工业、海洋电力业、海洋工程装备制造业、海洋渔业、海洋药物和生物制品业、海水淡化与综合利用业、海洋水产品加工业。

表 9 - 4　2022 年上海市海洋生产总值数据

指标	2022 年上海市海洋生产总值/亿元
海洋生产总值	9 792.4
海洋产业	2 685.3
海洋渔业	7.1
海洋水产品加工业	0.2
海洋油气业	31.6
海洋船舶工业	184.2
海洋工程装备制造业	7.8
海洋化工业	18.7
海洋药物和生物制品业	1.4
海洋电力业	8.2
海水淡化和综合利用业	1.1
海洋交通运输业	1 119.9
海洋旅游业	1 305.1
海洋科研教育	373.5
海洋公共管理服务	2 637.7
海洋上游相关产业	1 903.7
海洋下游相关产业	2 192.1

资料来源：上海市海洋局《2022 年上海市海洋经济统计公报》。

目前，上海基本形成了"两核一廊三带"的海洋产业空间布局，"两核"为临港、长兴岛两大海洋产业发展核，"一廊"为依托陆家嘴、北外滩、张江等建设的海洋现代服务业走廊，"三带"为杭州湾北岸产业带、长江口南岸产业带和崇明生态旅游带①。雄厚的产业基础和要素空间集聚分布为上海加快产业结构调整转型，发展新兴海洋产业创造了良好的条件。

此外，上海的海洋科技创新力量十分雄厚，拥有上海交通大学、同济大学、上海海洋大学、上海海事大学等 13 家涉海高校，以及中船集团 708 研究所、上海船舶研究设计院等一批科研机构，全国 7 个涉海国家重点实验室有 3 个在上海。

---

① 资料来源《上海市海洋"十四五"规划》。

（二）上海海洋经济发展经验

在海洋经济发展的过程中，上海勇当推进海洋领域中国式现代化的开路先锋，在产业链条延伸、科技水平提升、产才融合、山海协同发展及海洋特色营造等方面积累了丰硕成果与经验。

1. 完善产业链条，抢占蓝色经济高地

以海洋装备制造业为例，上海在船舶工业、海洋交通运输等传统优势产业基础上，着力培育以高端船舶和海工装备为代表的海洋装备制造业，成为全国唯一一个集船舶海工研发、制造、验证试验和港机建造于一体的城市①，具备较完整的海洋装备产业链框架。

一方面，上海加快培育龙头企业和高增长企业，积极推进产业智能化、绿色化、融合化，为加快建设现代化海洋装备产业体系奠定基础。凭借自身优越的产业发展环境，上海成为中国船舶集团和中国远洋海运集团两家特大型国有企业及海洋重型装备制造知名企业上海振华重工集团的总部选址地和业务聚集地。这些入驻企业已自主研发制造了一批具有国际竞争力的深远海（极地）科学考察船、超大型集装箱船、液化天然气船、深海钻井平台、重型起重船、海上大型绞吸疏浚装备等海洋高端装备，这极大地提升了上海海洋装备产业的国际影响力与竞争力。

另一方面，上海以"两核"地区为引领，推动产业链向上延伸到研发设计，向下延展到金融服务，不断完善产业体系配套，双向提升产品附加值。其中，临港片区主要关注海洋装备创新设计，采取"公司＋联盟＋基金"的运作模式，突破行业关键共性和卡脖子技术，引领带动了深远海高端装备等领域的创新突破和集聚孵化；长兴岛片区是建设国家级海洋经济发展示范区的主要载体，重点聚焦海工装备产业发展模式创新和海洋产业投融资体制创新，强化对创新经济和服务经济产业的吸引，为长兴海洋装备产业园区内的企业提供金融支撑。

2. 优化创新生态，提升海洋科技水平

上海从提升科技创新的支撑力出发，重点聚焦以下两个方面的工作：一是创新组织模式和管理方式。组织制定了水务海洋科技发展"十四五"规划，组织实

---

① 林上军."蓝色引擎"风劲潮急——长三角地区海洋经济发展透视［N］.中国自然资源报，2022－10－26.

施了智慧水务海洋三年行动计划（2022—2024）、BIM 应用三年行动计划、水务海洋高质量发展科技创新三年行动计划（2023—2025）等，形成了一批科技创新成果与行业规范标准，具体包括 20 余项海洋生态、海洋预报、海洋经济等领域的科学研究，为提升城市海洋科技水平提供支持①。二是重视海洋科研平台建设。一方面，政府积极支持海洋科研平台建设，先后推动成立了海洋生物医药工程技术研究中心、深海装备材料与防护工程技术研究中心、河口海洋测绘工程技术研究中心、河口海岸及近海工程技术研究中心 4 个海洋工程技术研究中心，正在推动筹建海洋高端装备研发与转化功能型平台，支持上海交通大学申报海洋国家实验室。另一方面，以科技园区为引领，加强对研发平台建设的投入。临港海洋高新园区是上海市唯一的海洋产业园区，该区主动发挥平台资源优势，为企业和科研院所、高校搭建合作平台，先后筹建了院士服务中心、上海海洋工程装备制造业创新中心和上海海洋高端装备研发与转化功能型平台。依托这些研发平台，园区一方面凝聚海洋工程领域全产业链的骨干成员单位及业内专家，突破海工行业关键共性和卡脖子技术，为产学研项目提供技术支持、智库支持；另一方面推动海洋高端装备领域的项目合作和产业对接，促进产品的产业化推广。目前临港海洋高新园区在园企业 3 271 家，其中实体入驻企业 169 家，企业专注创新让"海洋 + 工业互联网、人工智能、大数据"等产业规模不断壮大，实现海洋经济新业态②。

3. 重视金融支持，助力海洋经济发展

海洋经济的发展离不开"蓝色金融"的支持。近年来，上海金融机构相继推出相关服务，助力海洋经济发展。一是支持重点项目建设。重点支撑海洋碳汇、海洋清洁能源投资、海洋生态修复、综合产业集群建设、产学研一体化发展等领域重点工程项目，包括东海大桥海上风电、洋山深水港区四期等，支持上海国际航运中心建设③。二是为产业园区提供配套服务。一方面，持续完善海洋产业园区在行政办公、科技研发、智能制造及各项配套服务等方面的功能，以便更好支撑海洋产业高效发展。另一方面，深度融入产业链，针对入驻企业全生命周期的金

① 上海市水务局. 上海市水务海洋科技大会暨科技委大会昨日召开［EB/OL］.（2023 - 04 - 25）［2024 - 07 - 11］. https：//www. shanghai. gov. cn/nw31406/20230426/a20aeafb3e22495e9e4b8735d2b294fb. html.

② 浦东时报. 临港打造世界级海洋智能产业集群［EB/OL］.（2021 - 03 - 10）［2024 - 09 - 03］. http：//pudong - epaper. shmedia. tech/Article/index/aid/4516614. html.

③ 程保志. 蓝色金融发展的国际进程与中国实践［J］. 经济界，2023（6）：34 - 43.

融需求，提供包括结算、授信及零售金融在内的一站式金融服务[①]。三是提供高效闭环的金融服务。以融资服务为支点，撬动海洋经济发展"杠杆"。以重点项目为依托，聚焦产业实体、产业链上下游主体相关需求，实现投资、设计、投用、施工等的全流程参与、全过程保障。充分发挥融资租赁的纽带作用，提供高效闭环的金融服务。

4. 强化海洋管理，提高空间要素支撑

上海在对标全球海洋中心城市发展要求的过程中，重点围绕优化用海要素保障、提升海洋综合管理水平、服务地方海域资源的保护与利用等目标，在海洋环境监测、海洋资源可持续利用、海洋灾害防治等方面取得了显著成效。一是开展覆盖上海市全海域范围的常态化、多要素海洋水文水环境综合调查，逐步建立起上海海域常态化调查机制，为上海港口航道水沙动力演变趋势、重点区域海洋环境变化状况等提供必要的数据支持；二是系统实施临海生态保护与修复，完成金山城市沙滩西侧、大金山岛、奉贤滨海、南汇东滩等区域生态综合整治修复工程[②]，因地制宜开展外来物种（互花米草）治理、本土海洋生物生境营造、丰富海洋生物多样性等生态修复与保护措施，发挥项目示范带动作用，改善海岸带生态系统质量；三是开展了海洋观测预报、海洋灾害风险评估与区划、海洋灾情调查评估、警戒潮位核定等工作，构建"岸—海—空—天"一体化观测体系，完成风暴潮、海啸灾害风险评估与区划，提升沿海灾害风险应对能力，切实保障人民生命财产安全。

（三）对广东各市海洋经济发展的启示

上海持续优化海洋经济发展水平，主动作为，在产业、科技、金融、管理等方面不断创新，在全球海洋中心城市建设进程中取得了显著成效。这也启示广东各市在海洋经济发展过程中要着重把握两条线索：一是强化政府的引领作用，不断增强现代海洋城市建设的内生动力。在探索海洋经济发展模式的进程中，要不断适应经济基础发展的要求，着力破解阻碍海洋发展的深层次问题和结构性矛盾，

① 刘晓峰. 上海农商银行：支持上海重大项目建设推进 ［J/OL］. http：//www. jjckb. cn/2023－02/16/c_ 1310697777. htm，2023－02－16.

② 张妙，徐力波，严婧，等. 滨海生态廊道构建指标体系研究——以杭州湾北岸上海段为例 ［J］. 海洋开发与管理，2022，39（9）：11－16.

发挥创新资源整合优势，完善配套服务与政策支持，全面推进与国家发展相适应现代海洋产业体系。二是聚焦关键领域深入探索。从产业、科技、金融、空间等维度，深入剖析当前海洋经济发展的关键问题与瓶颈，基于自身发展条件与优势，细化相关优化策略与行动指引，引领更加全面、更加深刻的海洋经济高质量发展。

六、青岛：建设引领型现代海洋城市

（一）青岛海洋经济发展概况

近年来，青岛海洋资源开发加速，海洋经济飞速发展，取得了显著的成绩。海洋成为这座城市的鲜明底色，海洋经济也成为青岛支撑高质量发展的关键一环。

海洋资源条件优越。青岛海域面积约 1.22 万平方公里，海岸线总长为 905.2 公里，其中大陆岸线 782.3 公里。海岛总数为 120 个，总面积 15.04 平方公里，其中有居民海岛 10.97 平方公里。青岛海岸曲折，港湾、岛屿众多，良好的滨海生态环境孕育出丰富的海洋生物多样性，是发展海洋经济的重要基础①。青岛三大海湾（胶州湾、崂山湾及丁字湾）均具有水质肥沃、营养丰富的特点，是发展贝类、藻类养殖的优良海区。

海洋产业基础雄厚。青岛海洋生产总值长期位居全国第三，仅次于上海、天津。2022 年，青岛实现海洋生产总值 5 014.4 亿元，占全市 GDP 的比重为 33.6%，占全省、全国海洋生产总值的比重分别为 30.8% 和 5.3%②。青岛海洋产业门类齐全，海洋产业结构均衡，海洋发展多元驱动力强劲，集聚了一批行业龙头企业，海洋及相关产业门类中的 34 个行业在青岛都有布局③。其中，海洋第一产业聚焦深远海养殖、水产种业等，海洋第二产业涵盖了船舶与海工装备、海洋生物医药、海洋新能源、海洋新材料等，海洋第三产业主要包括航运服务、贸易金融、海洋旅游等产业类型。

① 刘正一. 关于发展青岛海洋经济的几点思考 [J]. 中共青岛市委党校. 青岛行政学院学报，2003（3）：67 – 69.

② 青岛新闻网. 5014.4 亿元! 看青岛"经略海洋"答卷 [EB/OL]. (2023 – 06 – 04)[2024 – 09 – 03]. http://news.qingdaonews.com/qingdao/2023 – 06/05/content_ 23451507.htm.

③ 自然资源部. 青岛擘画"引领型现代海洋城市" [EB/OL]. (2022 – 10 – 11)[2024 – 07 – 12]. https://m.mnr.gov.cn/dt/hy/202210/t20221011_ 2761595.html.

海洋产业布局特色鲜明。青岛结合区域特色，出台《青岛市支持海洋经济高质量发展 15 条政策》，在全市积极布局高端海工装备、海洋生物医药、海水淡化与综合利用、高端航运服务业、海洋新能源、现代渔业等海洋重点产业。虽各区市海洋产业发展程度、发展方向不一，但具备互补发展的基础（见表 9-5）。

表 9-5 青岛海洋产业布局

行政区域	主要海洋产业
青岛海洋产业布局（市域层面）	
市南区	涉海金融服务业、海洋信息服务业、海洋科学研究
市北区	涉海金融服务业、涉海服务、海洋教育业、海洋信息服务业
李沧区	海水淡化、海洋高端装备制造
崂山区	涉海金融服务业、海洋药物和生物制品业
城阳区	涉海设备制造业、海洋水产品加工业、海洋新材料制造业
即墨区	涉海设备制造业、海洋渔业、海洋船舶工业
莱西市	涉海设备制造业、海洋新材料制造业、海洋水产品加工业
平度市	海洋可再生能源利用业、海洋化工业
胶州市	海洋渔业、海洋工程装备制造业、涉海设备制造业
青岛海洋产业布局（产业集聚区）	
自贸区	港航物流服务业、海洋药物和生物制品业、海洋产品批发业
上合示范区	高端海工装备制造、现代海洋生物医药、海洋监测装备与技术研究、海洋信息技术服务
高新区	海洋生物医药、海洋工程装备制造、海洋设备制造
青岛蓝谷	海洋信息、海洋生物、海洋技术装备
青岛国际邮轮港区	新航运、新贸易、新金融

资料来源：青岛政务网. 青岛海洋产业："双核"引领，湾区联动 [EB/OL]. (2022-09-26) [2024-07-12]. http://www.qingdao.gov.cn/ywdt/tpxw/202209/t20220926_6409280.shtml.

海洋科技创新基础较好。青岛的海洋科技创新综合能力位居全国首位。目前，青岛集聚了全国 30% 涉海院士、40% 涉海高端研发平台以及 50% 海洋领域国际领跑技术，此外还拥有中国海洋大学等国内一流的海洋高校、中国科学院海洋研究所等众多"国字号"涉海科研院所①②。

海洋产业政策支持力度大。"十四五"时期，中央印发关于海洋强国建设的相关文件，赋予青岛"强化海洋功能和特色、带动形成一批现代海洋城市"的新定位。在此背景下，青岛加强顶层设计，先后印发《关于加快打造引领型现代海洋城市助力海洋强国建设的意见》《引领型现代海洋城市建设三年行动计划（2021—2023年）》《青岛市支持海洋经济高质量发展15条政策》等政策文件，将海洋发展摆在前所未有的重要位置，努力建设高能级湾区大都市，发挥海洋要素资源全球配置、海洋科技创新策源、海洋高端产业引领等方面的龙头带动作用。

（二）青岛海洋经济发展经验

1. 打造企业矩阵，开拓向海发展新局面

与国际发达海洋城市相比，青岛海洋经济仍然面临产业规模不大，缺少涉海领军企业，且布局比较分散等问题。一方面，青岛狠抓存量提升，扶持现有企业壮大。《青岛市支持海洋经济高质量发展15条政策》提出开展高成长性海洋企业评选，旨在树立优化营商环境、服务企业发展的鲜明导向，持续激发市场主体活力，培育一批在国内外具有核心竞争力、自主创新力、辐射引领力的涉海产业集群，助力青岛市引领型现代海洋城市能级提升。通过奖补资金等方式重点支持一批核心产品或服务高度涉海的高成长性企业，促进企业发挥各自领域龙头引领作用③。政府也将针对未入选企业的发展实际开展差异化辅导和培育，并强化跟踪分析，引导企业向海快速发展。另一方面，青岛打造涉海企业龙头矩阵，加快推动全市海洋产业集群化、专业化发展。围绕重点行业、龙头企业组建产业联盟，通过企业龙头带动，不断培育壮大高端海工装备、海洋生物医药等战略性新兴产业，打造一批海洋特色产业园区，切实解决产业布局散乱的问题，推动青岛海洋经济综合实力显著增强。目前，全市海洋领域产业联盟达到5个，组建了总规模为110亿元的三支海洋产业基金，取得了良好的示范带动作用。例如，在海洋生物医药产业联盟的积极推动下，青岛海洋生物医药研究院股份有限公司、青岛聚大洋集

---

① 张文萱. 建设涉海"五个中心"，打造引领型现代海洋城市［J］. 走向世界，2022（41）：22 – 25.

② 耿婷婷. "活力海洋之都"迎来"全球海洋智库"［N］. 青岛日报，2023 – 09 – 26.

③ 李勋祥. 20家企业获评首届"青岛市高成长性海洋企业"：其中民营企业达到17家［N］. 青岛日报，2023 – 08 – 24.

团有限公司和青岛博智汇力生物科技有限公司三方签署了合作协议，充分发挥各自的科技优势、产业优势、市场优势，共建国际海洋寡糖制备中心产业化基地，带动产业研发与成果转化。

2. 强化科技创新，打造海洋经济新引擎

创新是海洋经济增长的根本驱动力，青岛持续推动科技创新，探索形成了一系列可借鉴的经验。首先，大力支持重大科研平台发展，强化科研优势。青岛大力支持海洋领域国家实验室、中国海洋工程研究院（青岛）等重大科研平台加快发展，积极推动部、省、市共建国家深海基因库、国家深海大数据中心、国家深海标本样品馆国家深海"三大平台"，加快核心技术攻关，积极承担重大科技攻关任务[1]。在海洋科技领域实现引领作用，形成以中国海洋大学、中国科学院海洋研究所等"国家队"为龙头的海洋重大科技创新集群[2]。根据自然资源部第一海洋研究所的针对海洋创新指标的定量分析研究成果，青岛海洋科技创新记分牌属于全国第一梯队[3]。其次，积极推动科研成果转化与企业培育，增强海洋科技创新产出。例如青岛蓝谷出台了《关于推动经济高质量发展的若干政策》，围绕"科技创新、产业发展、招商引资"三个方面提出21条奖补政策。通过配套服务、引导投资等方式，营造科研成果转化的创新生态。最后，青岛还积极争取海洋领域国际合作。青岛连续多年承办世界海洋科技大会，积极承办国际性海洋会议，配合筹办东亚海洋合作平台青岛论坛、东亚海洋博览会、世界海洋科技大会等海洋国际会展活动，搭建海洋科技领域对外交流合作的重要渠道[4]。

3. 坚持产才融合，营造识才敬才新文化

在人才培育方面，青岛密集部署海洋人才举措，着力打造全球有影响力的海洋人才中心城市。特别在开展海洋人才认定层面，青岛在全国范围内先行先试，充分明确了海洋人才定义、认定标准和统计方法，不断完善市场化的人才评价

① 李勋祥. 青岛年度"海洋蓝图"：突出引领示范 ［N］. 青岛日报, 2022 - 04 - 13.

② 赵玉杰. 加快青岛海洋科技创新 建设全球海洋中心城市 ［J］. 中共青岛市委党校青岛行政学院学报, 2021（4）：116 - 119.

③ 青岛政务网. 自然资源和海洋科创能力 青岛位列全国第一梯队 ［EB/OL］.（2020 - 10 - 09）［2024 - 07 - 12］. http://www. qingdao. gov. cn/ywdt/zwyw/202010/t20201013_ 348030. shtml.

④ 张文萱. 建设涉海"五个中心"，打造引领型现代海洋城市 ［J］. 走向世界, 2022（41）：22 - 25.

体系，以改革思维推动海洋领域创新平台建设。2022 年，《青岛市现代海洋英才激励办法（暂行）》出台，这也是全市首部海洋人才激励政策，旨在重点激励龙头企业经营管理人才与从事海洋领域创新活动的科技人才。针对管理人才，青岛更为强调产业引领，在鼓励企业做大做强的同时关联带动 10 家及以上市内涉海企业共同发展；针对科研人才，青岛更为强调研发成效，将实际应用成效作为重要评选标准。海洋人才的评价标准以公开透明为基本原则，通过优化待遇服务提升海洋人才获得感，采用分层激励的竞争机制，不断激励人才向上发展，营造尊重人才的社会文化环境。

4. 聚焦乡村振兴，探索山海共济新路径

青岛坚持城乡融合与陆海统筹发展，积极构建高质量发展的国土空间开发保护新格局，充分发挥区域海洋特色和资源禀赋，推进生产要素加速流动和提质增效。一方面，围绕乡村振兴与美丽乡村建设，通过盘活闲置资源，精心打造渔村民宿、休闲运动、精品采摘等海洋文旅新业态。例如，青岛即墨区积极布局国家城乡融合发展试验区建设，采取"村庄 + 社会资本"方式，租赁回收村庄闲置房屋，规划建设传统风貌民宿 20 余处，积极打造"田横民宿"品牌，丰富海航人文传统元素，先后被国家旅游局、环保部评为"最佳休闲乡镇""全国环境优美乡镇"。另一方面，搭建海洋产业赋能平台，开拓海洋富民增收路径。青岛市政府印发《青岛市推进海洋牧场与休闲旅游融合发展实施方案》，积极落实《青岛新渔业发展专项建设项目实施方案》，推进新型海洋牧场示范区建设与新型渔港经济示范区建设协调并进，以点带面提升渔港经济区整体发展水平，推动渔业养殖集约化、规模化、产业化，推动渔区乡村振兴战略顺利实施。

5. 彰显海洋特色，擦亮滨海文旅新名片

青岛依托自身"山、海、湾、城、河、文"旅游资源禀赋，着眼打造国际滨海旅游目的地，相继出台《青岛市全域旅游规划纲要（2018—2021 年)》《关于推进旅游业新旧动能转换促进高质高效发展的实施细则》等文件，促进滨海文旅产业高质量发展。一是以重要旅游节点建设为引领，推动环球融创海洋文旅城、亚特兰蒂斯酒店、祥源沙港湾、港中旅国际帆船中心、奥帆海洋文化旅游区等大型投资项目正加紧推进，推动沿海旅游线路串珠成链，着力塑造具有国际知名度和美誉度的"海上画廊"海洋旅游品牌。二是以新业态培育为抓手，积极开发海岛游、海湾游、深海游等新兴业态，丰富海洋旅游产品供给，构建海洋旅游生态圈。

例如，研学旅行作为一种重要新兴业态，近年来得到了国家和政府诸多的政策支持。青岛立足自身城市特点，印发《关于推动海洋研学旅游高质量发展的指导意见》，整合规划海洋研学旅游线路体系，整合形成青岛市八大海洋研学旅游特色线路，实现全域空间布局统筹。三是以软环境营造为保障，着力建设海洋旅游产业配套服务设施，加强旅游集散中心、景区停车场建设；推动旅游业数字化转型，相继推出"云游青岛"微信小程序，搭建文旅大数据中心、文旅综合监管平台以及涉旅企业管理服务平台，推动海洋旅游智慧化升级。四是打造节庆活动，传播青岛海洋文化。中国青岛海洋节是中国唯一以海洋为主题的大型节庆活动，始创于1999年，具有20多年的历史。海洋节兼顾国际化与群众性，既有海洋科技与经济发展国际论坛和海洋科技博览会等高层次会展活动，同时也通过群众喜闻乐见的形式开展海洋文化科普。海洋节活动内容以海洋为主线，串联科技、体育、文化、旅游、美食等不同板块，着力向世界展示青岛海洋科技产业城、航运中心城、海上运动城的城市形象，进一步扩大青岛在海洋经济与海洋科技领域的显示度，成为青岛融入国家重大战略的突破口①。

（三）对广东各市海洋经济发展的启示

海洋奠定了青岛城市发展底色，也是青岛在激烈的城市竞争中取得显著优势的关键所在。青岛海洋经济发展思路清晰，通过各类政策倾斜带动产才融合发展，海洋教育和科研具有明显优势，民众的海洋科教意识尤为突出，逐步形成海洋城市特色文化品牌，对广东各市具有深刻的借鉴意义。一是重视海洋科技人才建设。借鉴青岛海洋人才建设经验，完善优化海洋人才评价体系，为人才发展提供优质发展环境。分类引导不同专业类型人才发展，以经营管理人才为抓手，促进龙头企业带动产业集群发展，推动涉海企业合作共赢；以科研人才为核心，营造海洋领域创新生态，串联社会各界力量为建设现代海洋城市注入发展动能。二是提高科研平台建设成效。一方面，积极引进与支持各类涉海重大平台建设，谋划争取与国内外领先涉海科研机构合作，推动高水平科研成果产出；另一方面，搭建科研成果转化服务平台，强化政策、资金等资源支持，加快中小企业孵化与培育，促进科研成果产业化进程。三是提高海洋文化资源利用潜力。海洋文化与海洋经

---

① 王赟. 青岛海洋文化资源及其保护与利用研究 ［D］. 青岛：中国海洋大学，2013.

济发展相辅相成、共同促进，广东各市具备丰富的海洋文化资源利用潜力，可借鉴青岛经验，认真研究海洋文化对新发展格局构建的促进作用，积极拓展具有岭南特色的海洋文化品牌，促进海洋产业融合，增强城市软实力。

七、厦门：建设"高素质、高颜值"国际化海洋城市

（一）厦门海洋经济发展概况

厦门位于中国华东地区、福建省东南部沿海，是两岸融合发展示范区，也是海上丝绸之路和陆上丝绸之路无缝衔接的枢纽城市。厦门拥有海域面积 355 平方公里，海岸线总长约为 234 公里，其中适宜建港的深水岸线约 27 公里。厦门拥有海洋生物近两千种，其中中华白海豚和文昌鱼为国家一级保护动物，鲎为福建省重点保护动物，还有以红树林为代表的海洋生态湿地，具有重要的生态价值与经济价值[①]。发展海洋经济与厦门区位优势、资源禀赋特点高度契合。

当前，厦门以海洋生物医药、海洋高端装备核心部件等新兴产业为切入点，以欧厝、高崎等区域性全国性高端水产品交易中心建设为抓手，积极布局海洋高新产业园区，强化对国内外知名海洋企业的吸引力[②]，海洋产业空间布局不断优化，海洋经济迅速增长、规模持续壮大，海洋生态文明建设取得了丰硕成果，先后获批国家海洋经济创新发展示范市、国家海洋经济发展示范区、蓝色海湾综合整治试点城市[③]。2022 年，厦门海洋生产总值达 2 322 亿元，占全市 GDP 比重 29.77%，形成以第三产业为主体、三产协同发展的良好态势，初步形成以海洋药物与生物制品、海洋高端装备与新材料、海洋信息与数字产业、现代海洋渔业、高端滨海旅游、海洋新能源产业、海洋服务性产业等为主导，以海洋研发创新载体、海洋总部经济为支撑的厦门现代海洋产业体系[④]。

---

① 吴昊，张乐蒙，黄智伟，等. 厦门湾常见海洋经济生物重金属污染特征及风险评价 [J]. 应用海洋学学报，2022，41（3）：395-406.

② 林丽明，陈挺，田圆. 向海而兴，"蓝色动能"澎湃 [N]. 福建日报，2022-04-16.

③ 曾东生. 激发"蓝色新动能"奋力推进厦门海洋高质量发展 [N]. 厦门日报，2022-02-11.

④ 厦门市人民政府. 我市制定专门法规 加快建设海洋强市 [EB/OL].（2023-08-24）[2024-07-12]. https://www.xm.gov.cn/tpxw/202308/t20230824_2782079.htm.

此外，根据《厦门市海洋经济发展"十四五"规划》，厦门正着力建设"三园、两带、两港、一区"的海洋经济发展空间格局。其中，"三园"为海沧涉海园区、同集涉海园区、翔安涉海园区，是厦门现有基本成型的海洋产业聚集区，重点强化现有海洋产业集聚水平，优化既有空间分布；"两带"是指环湾海洋经济发展带、环岛海洋经济发展带；"两港"是指高崎渔港和欧厝渔港，重点是拓展海洋产业发展新格局；"一区"即厦门海洋高新产业园，重点布局建设具有较高展示度的海洋经济示范片区。

总体而言，厦门不断以创新驱动海洋经济发展"高素质"，以统筹协调促进城市形象"高颜值"，统筹"山—海—湖—岛—城"资源，加强海洋资源开发、经济贸易、海洋科技、海洋文化等领域对外合作交流，逐步实现由海岛型城市向高素质、高颜值、现代化、国际化城市的转变。

（二）厦门海洋经济发展经验

1. 优化政府服务供给，建设高素质产业集群

针对海洋经济规模偏小，产业发展层次不高的困境[①]，近年来，厦门以入围国家海洋经济发展示范市为契机，以科技人才为支撑，以科技创新补发展短板，打造海洋产业发展战略新引擎。

厦门以"领军人才＋产业项目＋涉海企业"模式引进高层次人才团队，为海洋事业发展提供人才支撑。出台《厦门市海洋产业人才评选实施细则（暂行）》，进一步激发人才创新创业活力。在相关部门的不断推动下，厦门以海洋生物医药、海洋高端装备制造两大新兴产业为切入点，加大高层次人才引进与支持，加快自主研发，实现了产业化开发微藻 DHA、海洋工具酶、光纤水听传感器等一批高技术产品，培育了金达威、罗普特等 10 家涉海上市企业[②]。

与此同时，厦门围绕重点发展的海洋战略性新兴产业开展关键技术攻坚，构建扎实的创新研发基础和数据共享协同平台，不断完善创新载体布局建设，为涉海企业提供更多"一站式"公共服务，不断提升政府公共服务供给水平。为降低企业研发成本，厦门主要围绕海洋生物医药、海洋装备、海洋信息化、海洋高技

---

① 谢启标. "一带一路"背景下厦门建设海洋经济强市的对策思考［J］. 厦门特区党校学报，2018（2）：17－22.

② 陈洪亮. 海洋高质量发展的"厦门样本"［N］. 福建日报，2022－11－10.

术服务等 23 个重点领域，依托厦门大学、集美大学及自然资源部第三海洋研究所等知名高校和科研院所搭建海洋产业公共服务平台研发载体，建成厦门南方海洋研究中心海洋产业公共服务平台，建立平台开放共享创新工作机制①。"十三五"期间，海洋产业公共服务平台对外提供中试和产业化服务 5.41 万次，服务科研项目 933 项，服务企业 311 次，申请专利 178 项，为探索产业服务新模式奠定了基础。

此外，厦门还积极组织产业联盟，协调企业、高校、研究机构共同支撑海洋新兴产业集群发展。厦门海洋新兴产业创新联盟由厦门汇盛生物有限公司、厦门大学、厦门蓝湾科技有限公司、自然资源部第三海洋研究所、厦门卫星定位应用股份有限公司、福建省水产研究所 6 家单位发起成立，现有成员 108 家，产业门类涉及海洋生物医药、海洋高端装备制造、现代渔业、滨海高端旅游、智慧海洋等海洋新兴产业领域②。厦门海洋新兴产业创新联盟采用"企业单位＋科研机构"双主席模式，有效实现了企业和科研机构间的统筹协调，通过组织开展招商推荐、专家咨询、成果宣介等形式加强不同单位之间的沟通合作与优势互补，助力联盟单位共同发展，切实将厦门海洋科技优势转化为生产优势。

2. 坚持绿色发展战略，打造高颜值海洋城市

作为滨海城市，厦门在发展初期也曾面临着海洋环境退化、用海矛盾、管理不力等一系列问题。为了支撑海洋经济的可持续发展，近年来，厦门坚持绿色发展战略，为打造高颜值海洋城市付出了不懈努力。

一方面，厦门十分重视海洋生态保护管理。近年来，厦门系统实施以桥代堤搞活水体、沙滩修复与再造工程、复种红树林等措施，坚持开展增殖放流活动 20 余年，遏制了生态退化，使厦门海域生物的自然栖息环境得到了显著提升，中华白海豚、文昌鱼等珍稀濒危物种种群得到了恢复。成立厦门珍稀海洋物种国家级自然保护区并开展科学管理，探索建立水生生物自然保护区管理的"厦门模式"。伴随着海域水生生物资源得到明显恢复，厦门市民的生态文明意识也得到了普遍提高，这也得益于厦门政府的积极引导。厦门借助"全国放鱼日""全国海洋宣传日""全国净滩公益活动"等相关活动激发公众对保护生物资源的热情，以主题市

---

① 沈体雁，秦琳贵. 海洋经济发展示范区建设：积极成效、存在问题与对策建议 ［J］. 国家治理，2022（14）：41－45.

② 吴晓菁，李心. 做好"娘家人"当好"助推器"［N］. 厦门日报，2021－04－16.

集、公益画展、儿童科普等多种形式，吸引不少亲子家庭和市民志愿者参与，增强公众保护海洋资源环境的意识。

另一方面，厦门还积极推动"两山理念"的蓝色实践，持续释放"绿色GDP"动能。2021年，厦门产权交易中心设立全国首个海洋碳汇交易服务平台，开启碳汇交易新机制。2021年9月，泉州洛阳江红树林生态修复项目2 000吨海洋碳汇在厦门顺利成交，这也是福建首宗海洋碳汇交易①。该项目依托厦门大学蓝碳交易产学研团队研究成果，采取更符合我国滨海湿地特点的测算方法，总结全国首个红树林造林碳汇项目方法学，为实现红树林修复的碳汇生态价值提供了范本，为厦门实现打造国家级海洋碳汇交易中心的目标奠定了基础。2022年，全国首宗海洋渔业碳汇交易、国家级海洋牧场蓝碳交易等项目先后在厦门产权交易中心完成，标志着厦门在探索多元化的蓝碳产品研发方面取得了显著成果，正在向海洋碳中和目标持续迈进。

3. 加强区域合作交流，强化国际化交流窗口

作为21世纪海上丝绸之路支点城市，厦门始终坚持以海会友，加强对外交流合作，主动融入"一带一路"建设，不断拓展多层次蓝色"朋友圈"，在平台搭建、海洋可持续发展、海洋经济科技国际合作等方面取得长足进展。厦门国际海洋周是厦门开展海洋领域国际性交流合作的重要平台，为推动"金砖+""一带一路"、东亚海区域国际合作，共筑海洋命运共同体作出了重要贡献。厦门国际海洋周始于2005年，至今已成功举办十八届，从最初单一的市长论坛逐渐发展成为集海洋大会论坛、海洋专业展会和海洋文化嘉年华于一体的国际性年度盛会，逐步发展成为与在瑞典斯德哥尔摩举办的"世界水周"相媲美的活动，全面提升了厦门城市形象。厦门国际海洋周累计吸引来自近130个国家和地区及近20个重要国际组织的近千名官员和专家代表参会，参加海洋周各项活动的人数超过200万人次②，为推动国内外政府官员代表、专家学者在蓝色经济发展、海洋生态文明建设、蓝色伙伴关系构建等领域深入交流，持续打造海洋高质量发展和可持续发展新动能发挥了重要作用。

---

① 刘艳. 厦门产权交易中心完成首宗海洋碳汇交易［N］. 厦门日报，2021-09-15.
② 佘逸，李心，钟瑜，等. 经略海洋 厦门扬帆阔步行［N］. 中国商报，2023-11-15.

（三） 对广东各市海洋经济发展的启示

厦门立足"大海洋"理念，在开展顶层设计时将本市和区域、国际视野相统筹，既关注以厦门为核心的现代化湾区高质量发展，同时也积极通过对外合作交流拓展海洋空间，弥补自身海域狭小、经济体量偏小的短板，构建跨区域多层次"蓝色朋友圈"，以更高标准更大视野不断推动闽西南区域发展、"海上丝路"沿线国家及地区海洋经济交流合作。广东部分地市也可以借鉴厦门寻求高质量突破和创新能力领先的发展经验，构建"小而精""小而美"的经济发展模式，以新发展理念为导向夯实海洋产业基础，筑牢城市发展根基。一方面，要不断提升经济发展质量，通过产业科技创新、公共服务平台搭建促进产业集群化发展，以生态保护与修复提升滨海空间品质，支撑陆海统筹协调发展。另一方面，要积极推动跨区域协同合作，共享海洋经济发展经验，为海洋经济"走出去"奠定基础，拓展海洋经济发展空间。

八、宁波：推进"港产城文"融合发展

（一） 宁波海洋经济发展概况

宁波市地处中国海岸线中段，是中国东南沿海重要的港口城市。宁波市陆域总面积9 816平方公里，海域总面积为8 355.8平方公里，岸线总长为1 594.4公里，约占全省海岸线的24%，全市共有大小岛屿614个，面积255.9平方公里①，丰富的海洋资源为宁波奠定了其建设现代化国际港口城市的基础。

港口是宁波海洋经济发展的重要支撑。近年来，宁波发挥沿海港口优势，坚持世界一流标准，锻造港口"硬核"力量，将一流强港建设作为海洋中心城市建设的第一步，大力促进海上互联互通和对外经贸、人文交流等领域务实合作，连续两年跻身新华·波罗的海国际航运中心发展指数榜单前十，港口综合枢纽能级持续提升。

产业是宁波海洋经济发展的核心支撑。2020年，宁波海洋经济总产值达

---

① 徐君康. 全球化背景下海洋非遗的传承传播问题分析：以宁波海洋非物质文化遗产资源为样本 ［J］. 中国民族博览，2017（9）：66 – 68.

5 384.3 亿元, 实现海洋生产总值 1 674 亿元, 占全市地区生产总值比重为 13.5%, 占全省海洋生产总值比重约为 18%①, 成绩突出。宁波充分利用民营经济发达、制造业基础扎实的优势, 不断推进传统海洋产业转型升级, 着力推动海洋新兴产业发展, 正深化打造以绿色石化为龙头, 以港航物流、海洋工程装备、现代海洋渔业、海洋文化旅游等为支柱, 以海洋新材料、海洋生物医药、海洋电子信息、临海航空航天、海洋新能源等为特色的现代海洋产业体系②。在传统产业升级方面, 以海洋渔业、海洋文旅产业等为代表的传统产业不断转型, 取得了显著成效, 临港产业集聚区产业增加值不断提升, 入驻企业数量不断增加, 涌现出以锦浪科技、东力传动等为代表的创新示范企业。在海洋新兴产业发展方面, 布局实施涉海重大科技攻关项目, 复合海底电缆、大长度海洋脐带缆、LNG 运输船、南极磷虾船等多项研发制造技术在国内处于领先地位③, 实现新兴海洋产业增加值比重超 21%, 年均增速保持在 10% 以上④。

政策是宁波海洋经济发展的重要保障。自 2018 年入选全国沿海 14 个海洋经济发展示范区以来, 宁波积极探索海洋资源要素市场化配置机制, 推进海洋科技研发与产业化, 创新海洋产业绿色发展模式。2022 年, 宁波市出台了《宁波市加快发展海洋经济 建设全球海洋中心城市行动纲要 (2021—2025 年)》, 提出加快"港产城文"融合发展, 奋力开创现代化滨海大都市建设新局面, 进一步深化拓展了宁波海洋经济与海洋城市发展战略, 为未来发展指明了方向。

(二) 宁波海洋经济发展经验

1. 优化区域功能, 重塑港产城文空间格局

近年来, 宁波紧扣城市日益增长的发展需求, 不断做优产业布局, 加快推进现代化港区建设。随着北仑深水港的港口经济的飞速发展, 宁波采取向东发展的政策, 在甬江沿岸和鄞江中心区建设高新园区, 积极引导高校入驻, 促进港区集中连片规模化发展, 促进人流、物流、资金流、信息流不断向港区集聚, 并利用

---

① 宁波市海洋经济发展"十四五"规划 [EB/OL]. (2021 – 12 – 10) [2024 – 07 – 12]. http://www. ningbo. gov. cn/art/2021/12/10/art_ 1229547954_ 3852148. html.

② 易鹤, 柯善露. 宁波筑梦深蓝 向海图强 [N]. 宁波日报, 2021 – 12 – 28.

③ 张逸龙. 开创山海联动发展新格局 [J]. 宁波通讯, 2023 (Z1): 42 – 45.

④ 宁波市人民政府官网. 逐梦深蓝 看宁波如何掘金海洋经济 [EB/OL]. (2023 – 07 – 12) [2024 – 07 – 12]. http://www. ningbo. gov. cn/art/2023/7/12/art_ 1229099769_ 59463673. html.

港区腹地开辟了港口自贸区,进一步优化了港城空间格局①,实现港城互促共荣。

同时,宁波提出"港产城文"融合发展,重塑区域空间格局,充分体现和挖掘港口这一反映宁波城市特色的最本质的要素。在此背景下,宁波着力做强海洋文化 IP,构建海洋文化遗产保护长效机制,挖掘弘扬海丝文化、阳明文化、藏书文化、商帮文化等优秀浙东地域文化,在空间上打造三江文化长廊、大运河(宁波)国家文化公园、东钱湖宋韵文化圈、翠屏山文旅融合区、北纬30°最美海岸带等景观节点,以点带线、以线带面发挥海洋文化资源优势②。

2. 坚持陆海统筹,建设智慧基础设施网络

基础设施规划建设很大程度上决定海洋经济发展的规模和水平。多年来,宁波市持续提升港口及配套设施服务水平,为海洋经济发展做好支撑。早在 2009 年,宁波就着手布局海铁联运发展,建立了海铁联运联席会议制度,并由市长担任总召集人,协同财政、交通、口岸、铁路、港口等 15 家相关单位,引导运输方式转变和运输结构转型升级③。2014 年,宁波市政府批准了海铁联运发展专项规划,不断开辟海铁联运线路,推进与"一带一路"沿线国家的紧密融合。近年来,宁波优化港口基础设施体系、集疏运体系、多式联运体系和智慧管理体系,区域交通主干网络日益完善,形成强大的运输仓储、生产加工、资源配置、应急处置能力,显著提升了港口服务业集聚水平和现代化管理水平。

同时,宁波着力提升港口的数字化、自动化、绿色化水平,建设国际性综合交通枢纽。一方面,深度应用数字孪生、人工智能、无人驾驶、5G + 北斗定位等技术,把数字化转化为生产力。2021 年 10 月,宁波舟山港梅山港区推出"5G + 智慧港口",全面提升港口数字化管理水平,强化对外服务能力,远控自动化作业量超过 48%,作业人力成本降低 50% 以上④。另一方面,积极打造零碳港口、零碳港区,通过港区改造有效减少了煤炭、矿石等散货作业对城市环境的影响,深入推进港口节能减排新技术的应用,稳步推进穿山、梅山两大港区低碳示范项目建设,在绿色低碳发展方面取得了显著成果。

---

① 王益澄. 宁波港口与城市发展的互动作用研究 [J]. 城市观察, 2012 (1): 68 - 77.

② 彭佳学. 以现代化滨海大都市建设的生动实践打造中国式现代化市域样板 [J]. 宁波通讯, 2022 (23): 13 - 16.

③ 吴小东. 宁波海铁联运提高港城开放能级 [N]. 中国交通报, 2021 - 11 - 03 (1).

④ 俞永均. "港""城"互动展翅高飞 [N]. 宁波日报, 2022 - 03 - 29.

3. 强化集群引领，促进海洋产业集群发展

向着全球海洋中心城市加速迈进的宁波，正通过建设海洋经济重点片区，培育壮大传统产业集群，抢占新兴和未来产业制高点，不断提升产业竞争力，增强产业链供应链稳定水平，推动传统产业和新兴产业的碰撞交流与融合发展。重点规划六大重点片区建设，各片区在发展导向上各有侧重（见表9-6）。例如镇海片区、北仑片区重点围绕传统优势产业，以延长产业链条为基本导向；前湾片区重点布局新兴产业，聚焦海洋新材料、海工装备、海洋电子、海洋生物医药等领域开展攻关；象山港片区重点打造都市滨海生活区，促进港城深度融合；象东片区和南湾片区以文旅产业为核心，不断拓展发展领域，推动"港产城文"协同发展。

表9-6 宁波市六大海洋经济重点片区

海洋经济重点片区	发展导向
前湾片区	加快布局海洋高端装备制造、海洋生物医药、海洋新材料等海洋战略性新兴产业，打造沪杭甬海洋产业合作高地
镇海片区	做大做强绿色石化产业链，发展新型精细化工、化工新材料等下游产业，培育世界级绿色石化产业基地
北仑片区	推进港航物流发展，做大做强国际分拨、中转集拼等业务，提升油气资源全球配置能力，构建链接全球的国际供应链体系
象山港片区	统筹推进北仑、鄞州、奉化、宁海、象山滨海区块适度开发建设，加强与中心城区互联互通，打造长三角滨海休闲旅游度假胜地
象东片区	积极推进滨海旅游业和海洋运动业发展，建设一批海洋休闲旅游项目，打造具有国际影响力的海洋运动品牌，提升大目湾新城的滨海旅游品牌，建设现代化滨海新城
南湾片区	发展海洋新能源、航空航天和影视文化等产业，打造现代宜居休闲滨海新城，成为长三角海洋经济新增长极

资料来源：宁波市海洋经济发展"十四五"规划［EB/OL］. (2021-12-10)［2024-07-12］. http://www.ningbo.gov.cn/art/2023/7/12/art_1229099769_59463673.html.

4. 弘扬海洋文化，彰显滨海城市魅力品质

宁波是世界文化遗产中国大运河与海上丝绸之路的交点城市，孕育了独具特色、兼容并包的商贸传统和海洋文化。但长期以来，宁波海洋文化发展融合相对滞后，难以放大港口辐射效应，吸引要素集聚。如今，宁波全面布局"港产城文"融合联动，核心目标是促进海洋资源与城市经济发展之间的协同作用，全面提升城市文明程度。具体有三方面举措：一是有序开展宁波地区史前文化与海洋文明

"探源"、港城发展演变、"三海"（海丝、海防、海岛）遗存研究等重大课题，统筹实施文化基因解码工程、中华海洋文明探源工程和世界文化遗产群落打造工程，传承向海图强的精神基因。二是策划节庆活动与特色展览，培养公众海洋意识，宁波先后举办中国（宁波）海洋经济知识竞赛、"天下开港——宁波的港与城"特展、北仑海洋民俗文化节等活动，丰富公众体验，促进公众对海洋文化的认识与传承。三是推动海洋文旅产业的发展，宁波举办 2022 亚洲海洋旅游发展大会并发布了"海洋旅游十景"和十种"海洋旅游新业态"。2022 年浙江省文化和旅游厅原则通过《宁波梅山湾省级旅游度假区总体规划（2021—2035）》，宁波将以梅山湾度假区为高质量发展示范，积极推介海丝古港主题旅游度假产品，进一步发掘文化基因，打造生产、生活、生态"三生融合"的现代化滨海空间，以城乡统筹、产业融合为抓手推动海洋经济的发展。

（三） 对广东各市海洋经济发展的启示

宁波对港口与城市关系的认识不断深化，实现了从"以港兴市、以市促港"再到"港产城文"融合发展的战略转变，形成了以港口为依托、以产业为核心、以城市为支撑、以文化为纽带的互利共赢关系，形成了良好的要素集聚效应，进一步发挥了港口对城市经济发展的带动作用，形成兼容并蓄、协同开放的城市文化，也由此奠定了对人才、资本、技术持续吸引力的基础。广东良港众多，宁波"港产城文"融合发展的模式对于拥有港口的广州、深圳、惠州、东莞、江门等市具有很好的借鉴意义。首先，要加强港口规划与城市规划协调统一，为临港经济和海洋新兴产业的发展提供空间支撑。其次，要强化港区的智慧水平，推进港口生产运营、码头作业、物流服务的数字化发展，提升港口枢纽能级，从而带动城市产业发展，辐射腹地经济。最后，要发掘海洋文化的重要价值，一方面要整合海洋文物和文化资源，加强海上丝绸之路文化遗产游径（广州、佛山、江门）以及海防史迹文化遗产游径（东莞、深圳）的系统开发与保护，增进海洋文化认同，为与周边国家文化交流奠定基础；另一方面也要推动海洋文化资源的产业转化，促进文化产业与旅游产业的融合发展，进一步丰富公众海洋体验，建立人海和谐的海洋意识。